数学の盲点とその解明

Max と Min に泣く

石谷 茂 著

現代数学社

ま え が き

　盲点集も第3集を世に送るときがきてしまった．第1集のときは，全く予期しないことであった．幸にして好評を博し，その反響の現れが，多くの質問を受けた．本来の大部分は，読者または身近な先生方の質問や会話がきっかけとなっている．

　質問のなかには，一見平凡なようで，実際に当ってみると奥が深く，簡単に解明のできないもの，結論の下しようのないものがあり，何点かは引出しの中にねむったままである．

　とにかく，高校や大学教養の数学指導というのは，経験的事実をもとに発展的に積み重ねる方式であって，論理体系にみだれがある．そこで当然，ある事柄の真偽の判断，価値の評価は多様化し，単純に結論を導けないことが起こる．この本にも，そのようなものがいくつかある．

　"経験にさおさせば流され，論理を通せば落後者が出る．とかく数学は教えにくい"となろうか．それを救う道は，経験を積み重ねた後，適当なチャンスに，論理によって整理することである．盲点解明はそのひとコマであろう．

　盲点に目を向けることは寝た子を起すようなものだとの反論がないでもない．しかし，寝た子はいつかは目をさますのである．目をさましてからでは遅いということもあろう．また，目をさましてしまったのに，ほうって置けないという場合もあろう．

　盲点集を読み，数字が楽しくなったとの読者の声が，筆者にとっては何よりの救い，なぐさめである．

　　　　　　　　　　　　　　　　　　　　　　　　　　　　著　　者

目　　次

1. 陰関数とは何か　*4*
2. 陰関数の微分法の泣き笑い　*7*
3. x^{-1} は不連続か　*10*
4. 不定積分と原始関数は同じか　*20*
5. 極値に迷う　*24*
6. Max と Min に泣く　*30*
7. Max, Min の残像　*46*
8. 数学果し合いの巻　*61*
9. コーシー不等式の拡張の秘密　*72*
10. 意地悪問答―概念の拡張―　*78*
11. 整数と整式とはどう似ているか　*84*
12. 同値律異聞　*90*
13. 分数式再論　*95*
14. 分数式―そこを知りたい　*99*
15. 分母が 0 の式に泣く　*117*
16. 混迷増殖の連立方程式　*125*
17. 不等式と演算の閉性　*138*
18. 特性関数の効用　*148*

19. パラメータ表示でとちる　*160*
20. 集合・論理と重根の接点　*166*
21. あいまいな否定記号　*171*
22. 盲点を生む記号　*174*
23. 正射影の三面相　*179*
24. 概念は成長する―ベクトルの直交と平行　*190*
25. 毒をもって毒を制す　*196*
26. 怪物退治後日談　*202*
27. 初等幾何の怪物退治　*209*

1
陰関数とは何か

「陰関数って何ですか」
「あなたは何だと思っているのです．授業で説明するでしょう」
「実例をあげるの …… $y=3x^2+\dfrac{5}{x}$ のように，y が x の式で表わされているのは陽関数，$x^2+y^2=2y$ のように，y について解いた式になっていないのが陰関数 ……」
「それ，方程式じゃないですか．円を表わすから円の方程式というでしょう」
「そうよ．そこなの，学生の質問は ……」
「それで，あなたは，どう答えた」
「y について解けば，y は x の関数になるから …… といって，解いてみせた．
$$y^2-2y+x^2=0, \quad y=1\pm\sqrt{1-x^2}$$
そしたら ……」
「どうしたのです」
「いうことが，にくたらしいのよ．それ陽関数じゃないかって ……」
「へえ，それは面白い．学生もいうじゃない．そのときの，あなたの顔をみたかったね．そのあとが見もの」
「それで，いってやったの．解けば陽関数だから，それと区別するため，解かないのは陰関数だって ……」

「いけませんね，感情的になるのは …… 教師失格ですぞ．それに，その感情的解説は，まるっきり，学生の質問に答えていない」

「そうね．でも，私はこれ以上説明できないの …… 哀れと思わない．この迷える羊子」

「可憐なおとめよ，といいたいところだが」

「いけづなおばさま …… 本心は ……」

「まあ，まあ，気を静めて …… 罪はテキストにある」

「そうよ．学生の質問に答えられるようにしておくのが著者の責任よ．指導書もあるのですもの」

「誠に申訳ない．著者の一人として，前向きに善処します」

「いま，すぐ善処して下さいな」

「陰関数 …… この用語に罪ありか．陰伏関数と呼ぶ人もいますね．そのココロは，裏にかくされている関数ということか」

「カードの表は方程式，めくれば，裏は陽関数 …… そういうこと」

「うまい．その通り．くわしくいえば，裏は，その方程式によって定まる関数 $y=f(x)$ です．しかし，いちいち，こんなことというのは煩しい」

「それで，つめにつめて陰関数 ……」

「まあ，そういうことだと思いますね」

「こんな，人を迷わす用語 …… ないほうがよいみたい」

「同感です．この方程式によって定まる関数，といえば足りることで …… 陰関数をやめれば陽関数も不要」

「先生も賛成で，自信つきましたわ」

「ただの一票ではね」

「貴重な一票よ．前にもどって，私のあげた方程式の定める関数 $y=1\pm\sqrt{1-x^2}$ は1つとみますの …… それとも2つ」

「そうですね．陰関数といった用語を考えたころは，関数として多価も考えましたね．もちろん，理論構成には多価は向かないから一価です．最近は，あなたも知ってるよ

うに，一価が主流です．多価は関係一般に含めてもよいことで ……」
「y を独立変数とみれば，別の関数が定まるけど ……」
「それは慣用の問題じゃないですか．普通は x を独立変数とみる．それが暗々の了解事項ということ …… 共通の了解あっての省略 …… そこまで気にしたら切りがないですよ．y を独立変数とみる場合は，特別と考え，そのことを明示すればよい」
「ありがとう．数学はこれで終り．次は２人だけの了解事項」
「忘れたよ．そんなの ……」
「健忘症ね．ルーツをみる約束！」
「ルーズで申訳ないよ」

2
陰関数の微分法の泣き笑い

「泣くだけが能でもあるまい．ときには笑ってみたいものです」
「ありますわ．陰関数の微分法 …… 私には泣き笑いなの …… なんとなく気味悪くて ……」
「使わないのですか」
「そら，使ってますわ．便利ですもの …… でも形式的よ．学生も同じと思います」
「教師たるあなたが，そのさまでは，学生を責められない．どんな指導ですか」
「簡単よ．方程式の両辺を x で微分し，y' について解く …… ほら y' が求まったと ……」
「それじゃ奇術ですね．肝心なところが落ちてませんか．両辺が x の関数であること ……」
「y もあるから，x, y の関数ともみられますが」
「分っていませんね．たとえば，方程式

$$x^2+y^2=2y$$

は，x に y を対応させる関数を定める．それを実際に求めると

$$f(x)=1+\sqrt{1-x^2},\ g(x)=1-\sqrt{1-x^2}$$

$f(x)$ を y に代入すれば

$$\text{左辺} = x^2 + (1+\sqrt{1-x^2})^2 = L(x)$$
$$\text{右辺} = 2(1+\sqrt{1-x^2}) = R(x)$$

どちらもxの関数 …… 見かけは違うが,等しい関数です.$g(x)$を代入しても同じこと.両辺が等しい関数ならば,その導関数も等しい.

$$L(x) = R(x) \rightarrow \frac{d}{dx}L(x) = \frac{d}{dx}R(x)$$

そこで,両辺を微分する,というように親切に指導しませんとね」
「それを気付かないなんて,私馬鹿みたい」
「馬鹿とハサミは使いよう」
「じょうずに使うのが先生の責任 ……」
「楽しみが1つ増えた」
「では楽しみのタネを …… 微分するのは両辺の関数なのに,求まるのはyを微分したもの …… 柿のタネを播いて,栗の実を収穫するみたいよ」
「へえ …… 楽し過ぎますね,この疑問は ……」
「過ぎたるは及ばざるがごとし,の反語ですの」
「なにが反語ですかね.あなたは,1つの関数を微分するとき,それを構成するいくつかの関数を微分する,という事実を忘れているらしいね.日頃,やっているのに……. たとえば$f(x) = 3x^2 + 5x$を微分するとき,2つの関数$3x^2$と$5x$を微分するじゃない.先の実例でみると$L(x) = x^2 + y^2 = x^2 + \{f(x)\}^2$を微分するには,$x^2$と$\{f(x)\}^2$を微分しなければならない. とにかく$L(x) = R(x)$の両辺を微分して導いた$L'(x) = R'(x)$,すなわち

$$2x + 2f(x) \cdot f'(x) = 2f'(x)$$

も等式で,両辺の関数が等しいことを示しているのですよ.これを$f'(x)$について解けば,目的の導関数が求められる」
「それ恒等式でしょう.恒等式を解けば解は不定のはずよ」
「分っていませんね.$f(x), f'(x)$にこれらの関数を表わす式を代入して整理すれば0

=0 で，収穫もゼロ ……．しかし，現実には，$f'(x)$ が分っていない．だから $f'(x)$ を未知関数とする方程式とみることができるのです．実際に解き，実感を深めては ……」

「もう，分りました．

$$f'(x) = \frac{x}{1-f(x)} = -\frac{x}{\sqrt{1-x^2}}$$

$f(x) = 1+\sqrt{1-x^2}$ を直接微分したのとピッタリ一致 …… でも，普通は $f(x)$ を y で表したままですわ．$x^2+y^2=2y$ から

$$2x+2yy'=2y' \qquad y'=\frac{x}{1-y}$$

このほうが応用に便利 ……」

「分っていませんね．慣れたら，それで十分．いまの話題は，陰関数の微分法の導入ですよ．教師たるものが，導入過程と応用過程を混同するとは情けない」

「どうせ，女性はそうなのよ」

「女性のあなたの告白 …… 信用しよう．恋愛中と夫婦生活の混同 …… 男性は，これで泣かされる」

「女性は超時間的なのよ」

「子を生み，子を育てる …… 女性のこのいとなみ …… 超時間というより超歴史的．この至高なるもの …… 大哲学者たるカントが気付かなかったとは！」

「学がありますわね．それ，どういうこと」

「カント晩年の言やよし〝世に至高なるもの，そは，夜空にかがやく星と，人間の良心なり〟とね．ボクとしては，そこに，女性のいとなみを加えたいのだ」

「そのひとこと至高の感激よ …… 女性としては ……」

3
x^{-1} は不連続か

　I駅の近くに見晴しのよい喫茶——白ゆりがある．I駅のホームが丸見えなので，たいくつしない．学生の頃は，あのホームに立つと，冬は西風が身にしみたものだが，最近はそれ程でもない．東京の冬は暖くなったのだろうか．それとも，われわれの服装が上等になったのだろうか．などと，時々若い頃のことを思い出す．

「この度，一身上の都合により，皆さまとお別れすることになりました．若さと美貌は自信を失いましたが，才女の方は否定も肯定もいたしません．……」こんな挨拶を最後に，大学を去っていったH教授のことを思い出しながら，ボンヤリと外を眺めていた．

「お待たせいたしました」

われにかえり振り向くと，M高校のF先生が現れた．

「遅れて，すみません」

「いいえ，いつものことで ……」

「先生，ひどいわ ……」

「真実を忠実にいったのですよ．私はウソを申しません」

「大臣みたいなことをおっしゃって …… そう，思い出しましたは，池田首相よ」

「私は，それほど偉くないですよ」

「学者と政治家の比較はムリよ」

「私は学者でありません．もちろん政治家でも ……」

「政治家の資格ありますよ. 先生は ……. この頃, 学者が政治家になるのはやっていますもの. 大都市はみなそうよ」

「じゃ, 一そう, 見込みがない. 私は学者じゃないから……」

「でも, 私は認めますわ」

「たったの一票ではね」

「先生とおくさんと私で最低3票は確実でしょ」

「ハハ …… あなたも口が悪い. 反撃とゆきたいところですが. うまいタネがない」

「ありますの …… きょうは …… 伺ってよいかしら …… でも, こんなこと, 恥しいわ」

「いやに, しおらしいことをいいますね. 好きな男でもみつかったのですか. 私以上の ……」

「自信過剰 …… ミノベさんも顔色なしですわ」

「とうとう, 私はミノベさん以上の学者, 政治家にされてしまった. 感謝します. ところで, 私に頼みたいというのは ……」

「数学の質問ですの」

「急に, シラケルじゃない」

「ごめんなさい. 恥しいようなことなのよ. 関数 $\frac{1}{x}$ は $x=0$ で, 不連続かどうかというの …… 教科書をみても, はっきりしませんの ……」

「教科書には, どう書いてありますか」

「定義域で連続を定義し, そのあとで, 連続でなければ不連続 ……」

「教科書はうまく逃げてますね」

「$x=0$ は定義域内に ないですもの …… この説明じゃ不連続かどうか分りませんわ ……」

「高校の教科書はね …… 書きにくいところを …… うまく逃げるテクニックを身につけた人が書くものなのです」

　「先生一流のヒニクじゃない」

「とんでもない．いまの例が，証明しているでしょうが ……」

「あら，私，また負けよ．どうしてこうなるのかしら ……」

「いまの質問は簡単なようで …… その根は意外と深いですよ．冬のタンポポの根みたいなもので …… 枯葉が2,3葉のようで素手で引き抜こうとすると，葉だけがスポッ」

「学生のときは，$x=0$ で不連続を習いました．でもこの頃は …… あら，年がわかっちまうわ」

「数学は，若さと美貌には関係なし」

「若さと美貌だなんて …… それヒニク」

「いけませんな．どうして，こうなるのでしょうね．これじゃ，いつになっても，本論に入れませんよ」

「ごめんなさい」

「つきつめれば，不連続をどう定義するかの問題です」

「いろいろの定義があるのですか．数学にも ……」

「しかたないですよ．必要悪ですね」

「必要悪って …… どういうこと……」

「避けたくても避けられないこと ……．数学の本意は1つの定義 …… だが，数学は史的産物ですからね」

「時代とともに変るということですの」

「そう．最近は定義域をうるさくいうでしょう．定義域と対応をもとにして，関数をきめますね．ところが，昔は ……」

「昔だなんて，私オバサンみたい」

「すぐ自分にからませる．これだから …… 女性は苦手 ……」

「ごめんなさい．でも先生，女性は嫌いじゃないでしょう」

「女性によってはね …… おや，また脱線 …… どうしてこうなるのでしょうね．数学も時代とともにかわってきました．従来の連続は，直観的といいますか，いや素朴というのが当っているでしようかね．そのイメージはつながったグラフでしょう．不連続は，そうはなっていないことで，切れ目のあるグラフのイメージです．

切れ目が不連続の点だとすると，その点は，定義域に属す属さないに関係なく目をつけることになりそうです．もちろん，これは私の想像です．それに定義の仕方もからんでいそうです」

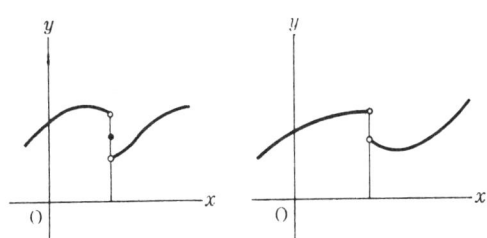

「定義の仕方って，どういうことですの」
「不連続は連続の否定です．そこで連続の定義をみると，$f(x)$ が $x=a$ で連続であることは

(1) $x=a$ で $f(x)$ は定義されている．
(2) その上 $\lim_{x \to a} f(x)$ が $f(a)$ に等しい．

これを否定してごらんなさい」
「$x=a$ で $f(x)$ は定義されていないか，または定義されていても $\lim_{x \to a} f(x)$ は $f(a)$ に等しくない．これでいいかしら」
「結構ですよ．a が定義域に属さない場合が，いかにも，もっともらしく入ってきましたね．そこが問題点じゃないですか」
「からかわれているみたい ……」
「まじめな話ですよ．連続のとき，a が定義域に属することが大前提になっておれば，否定のときも，それは動かないのに ……」
「a, x が定義域に属するとき

$$\lim_{x \to a} f(x) = f(a)$$

ならば，$f(x)$ は $x=a$ で連続 …… となっておればよいという意味？」
「そう．そうなっておれば，否定のとき，前文はそのまま残すから，

a, x が定義域に属するとき

$$\lim_{x \to a} f(x) \neq f(a)$$

となって，等号を不等号にかえるだけで，点 a における不連続の定義になります」
「そのほうが，スゴク，簡単みたい」
「最近はこれに近い定義をとるものが多くなりました」
「これに近いとおっしゃいましたね」
「はい」
「少しは違いますの ……」
「微妙な差ですが，理論的には重要な差ですね」
「それどういうことですの」
「それを明かにするには，関数の極限の定義にもどらなければなりませんね．実変数の関数 $f(x)$ で，みると，極限

$$\lim_{x \to a} f(x) = a$$

では，x は限りなく a に近づくが，x は a に一致する場合は考えませんね．もっと，くわしくいいましょうか．実数全体を R，その部分集合 E を $f(x)$ の定義域とすると

$a \in R, x \in E, x \neq a$ のとき

$$\lim_{x \to a} f(x) = a$$

a は E に属しても属さなくてもよいというところに注意して下さい．これを ε, δ 方式で表わしてごらんなさいよ」
「失敗したらどうしようかしら」
「きょうのお茶代を持つ」
「一層緊張するわ．

$$|x-a|<\delta \;\to\; |f(x)-a|<\varepsilon \text{」}$$

「お茶代はあなたのもの．$x \neq a$ ですから，$|x-a|$ は 0 より大きいをつけるのが正しい．

$$0<|x-a|<\delta \;\to\; |f(x)-a|<\varepsilon \text{」}$$

「あら，くやしい」

「たまには，男性にサービスし，女性本能をくすぐるのがよいですよ」

「まあ，失礼ね」

「お次は，関数の連続 ……」

「こんどは，失敗しませんわ，絶対 ……． a, x はどちらも定義域にありますから

$a \in E$, $x \in E$, $x \neq a$ のとき

$$\lim_{x \to a} f(x) = f(a)$$

このとき $f(x)$ は a で連続」

「ε, δ 方式では？」

「簡単ですわ．

$a \in E$, $x \in E$ のとき

$$0 < |x-a| < \delta \to |f(x)-f(a)| < \varepsilon$$

できましたでしょう」

「ご名答 …… これが従来の連続の定義です．ところが最近は ……」

「変りましたの」

「そう．最近は $x = a$ を許すのが多くなりましたね．0より大きいを除いて

$a \in E$, $x \in E$ のとき

$$|x-a| < \delta \to |f(x)-f(a)| < \varepsilon$$」

「a は定義域内にあるからですか」

「いや，それだけではない．連続を閉集合で考えたとき，孤立点が現れるからですね．a が孤立点であるとすると，a の十分小さい近傍には，a 以外に定義域 E に属する点がない．こんなときも，この方式だとあてはまる．こんな図の場合です」

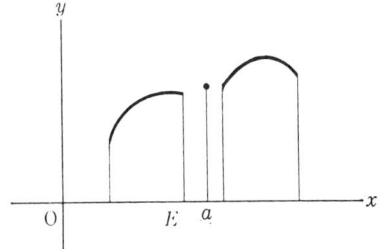

「x が a に等しかったら $|x-a|$ と $|f(x)-f(a)|$ は 0 になります．ヘンですわ」
「だから好都合なのですよ．このときも

$$|x-a|<\delta \;\to\; |f(x)-f(a)|<\varepsilon$$

は成り立つから ……」
「じゃ，孤立点 a で $f(x)$ は連続ですの ……」
「そう．そう考えるのです」
「1 点で連続なんて，ヘンですわ」
「閉区間が縮少して 1 点になったと思えば，不自然じゃないですね」
「でも，それでは，極限の式が使えなくなりますわね」
「あちら立てば，こちらが立たぬ．やむをえませんね．定義域 E の点は孤立点か集積点ですから，2 つの場合に分けて考えればよいのです．

　　　a が孤立点のとき……つねに a で連続

　　　a が集積点のとき，$x\in E$ に対し

　　　$\lim_{x\to a} f(x)=f(a)$ ならば……a で連続

こうすれば，この 2 つを合せたものが，ε, δ 方式と一致します」
「よくわかりませんわ．実例をあげて下さいね」
「たとえば

$$E=\left\{1, \frac{1}{2}, \frac{1}{3}, \cdots, \frac{1}{n}, \cdots, 0\right\}$$

$$f(x)=\frac{1}{1+x}$$

とでもしますか」
「ヘンな定義域ですのね」
「ヘンなもののほうが，かえって分りますよ．この定義域では，0 以外はすべて孤立点で，0 だけが集積点です」
「じゃ，0 以外の点では連続ですの」
「そうなりますね．先の定義を認めたのですから ……」
「0 ではどうなりますの」

「x を $1, \frac{1}{2}, \frac{1}{3}, \cdots$ にそうて 0 に近づけると $f(x) \to 1$，ところが $f(0) = \frac{1}{1+0} = 1$ ですから，0 でも連続です」

「こんな連続もあるなんて，驚きですわ」

「定義を認めた以上，驚いてもしょうがないですよ．運命とあきらめる．数学はあきらめるのがカンジン」

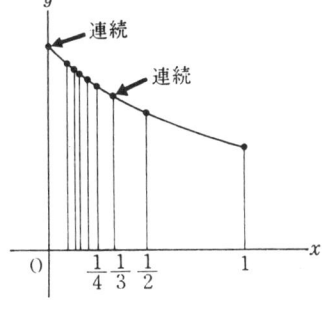

「数学者は運命論者……国木田独歩みたい」

「独歩とは気に入りました．運命論者は孤立点みたいなもの……"あなた連続よ"といわれたら，すなおに，あらそう……」

「私そんなの嫌いよ」

「すなおにならんと，お嫁のもらい手現れませんよ」

「先生……見かけによらず古風なのね」

「そうむきになりなさんな．数学の話ですよ．いまは……」

「不連続はどうなりますの……新しい方式では……」

「定義域で考えるから簡単です．孤立点はつねに連続だから，連続の否定は集積点でおきますね．点 a が E に属し，孤立点でないとき，E の点 x に対して

$$\lim_{x \to a} f(x) \neq f(a)$$

ならば，$f(x)$ は点 a で不連続とみればよいですね．たとえば $f(x) = \frac{x^2-1}{x-1}$ は定義域 $E = R - \{1\}$ 内のすべての点で連続だから，E では連続．もし $f(1) = 3$ を追加すると，定義域は R で，点 1 では不連続」

「定義域の外を考えないのですから $\frac{1}{x}$ は $R - \{0\}$ では連続ですね．やさしいですが，これでは，不連続なもの現れませんね．高校では……」

「少しはありますよ．たとえばガウス関数」

「その関数……教科書外です」

「補ったらよいでしょう．教科書に遠慮することないでしょう」

「新しい方式には，このほかに，どんなよい点がありますの」

「近傍を用いた説明にも向いていますね．論理的取扱いに都合がよい」

「連続を近傍で表わしますの」

「そう．近傍を用いると，定義域が E の関数 $f(x)$ が，E 内の点 a で連続であることは

$$x \in V(a) \cap E \to f(x) \in V(f(a))$$

くわしくいえば，任意の近傍 $V(f(a))$ に対して，近傍 $V(a)$ を適当にとれば，この式が成り立つということです」

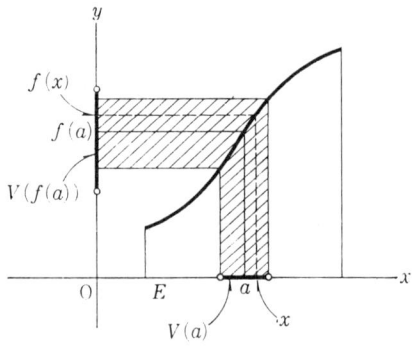

「むずかしいですわ．前よりも」

「慣れの問題ですよ」

「ほかに，どんなことがありますの」

「連続関数の最大・最小の定理も，その1つですね．定義域 E が有界な閉集合で連続な関数は最大値と最小値を持つというのです．閉集合には孤立点のあることもありますから，関数の連続として，現代流をとっておけば，定理はつねに成り立つことになるのです．この図のような場合でも……，おもしろいでしょう」

「よく分りました．急に視野が広くなったみたい．あすの授業……自信つきましたわ．お礼，なにしようかしら……」

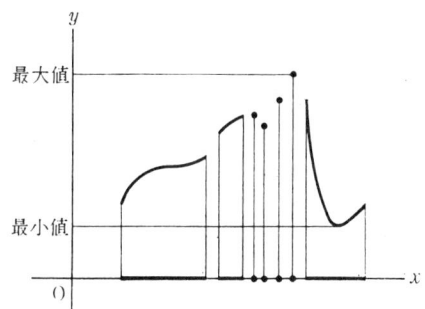

「男性の希望するものはきまっていますよ」
「あら！ なんですの．私，認識不足らしいわ」
「ハハア ‥‥‥ いうても，どうせムダと分っています．お茶代でがまんしますよ」
「ふんぱつしますわ ‥‥‥ 一パイ．銀座に出ましょうよ」
「うれしいね」

　外をみたら，I駅のホームにはライトがつき，帰りを急ぐ人があふれていた．2人は地下鉄へ．

4
不定積分と原始関数は同じか

「原始関数と不定積分は同じものですか」
「同じものなら …… 用語が2つあるのはおかしい」
「でも,テキストには"原始関数を不定積分ともいう"とありますが」
「区別するのが煩しいからでしょうよ」
「無責任ですね」
「そういう君は,いままで区別して来たのですか」
「そういわれると自信がない」
「それごらん.現場がそうだからテキストはそうなったのでしょうよ」
「主体性がないですね.テキストの著者ともあろうものが」
「テキストも商品.著者は商業主義には弱い.現場にさからえばテキストは採用されない.売れないといわれるとね …… 著者も被害者でしょうよ」
「数学の論理も資本の論理にはかなわないというのかね」
「残念ながら認めざるを得ない」
「1人ぐらいいてもよさそうなものです.数学の論理で勝負する著者が ……」
「その1人になれといいたいのかね.僕はかよわき羊子だというのに ……」
「世直しには1匹狼が必要ですが」
「そんな気負い立った気持を持ち合わせてはいない.それよりも真相の究明が先だ」
「真相の究明ね.関数 $f(x)$ が与えられたとき,微分すると $f(x)$ になる関数の1つ

が $f(x)$ の**原始関数** …… これは疑問の余地がないでしょう．たとえば x^2-3x, x^2-3x+5 は微分すると $2x-3$ だから，どちらも $2x-3$ の原始関数 ……」

「問題はその先 ……」

「定数 C をつけて x^2-3x+C とすれば，とたんに**不定積分**」

「全く，その通りで」

「C は定数だから，x^2-3x+C も原始関数じゃないですか．微分すると $2x-3$ になる関数の1つだから ……」

「解明のカギはそこらしいね．C の名は**積分定数**ですが，どんな実数でもよいとすると，正体は**任意定数**と称するものですよ」

「C が任意の定数なら x^2-3x+C はすべての原始関数を表わす．そういえば不定積分は原始関数の集合だという説があった」

「ほう．珍しい説ですね．x^2-3x+C が集合ならば，これを微分することは集合を微分することになるが ……」

「集合の微分 …… へんですね．そんなの高校の数学にはない」

「集合づくと，なんでも集合にしたくなる．そのくせ，処理が追いつかない．迷惑するのが誰かは明白」

「手厳しいね」

「いや，学生に同情したまで．C が任意の実数ということは，実数全体を $\boldsymbol{R}$ で表わすと，C は $\boldsymbol{R}$ の任意の元ということ」

「そうか．そんなら C は $\boldsymbol{R}$ を変域とする変数ですね．そうみてよいですか」

「そうなるけど」

「そうだとすると，原始関数全体の集合は

$$\{F(x)|F(x)=x^2-3x+C, C\in\boldsymbol{R}\}$$

と表されますね」

「$F(x)$ は略し

$$\{x^2-3x+C|C\in\boldsymbol{R}\}$$

でもよい．これで先が見えたようだ」

「不定積分は集合でないらしいことが分った．しかし，そんなら何ものかと問われると答に窮するが」

「いや，いや，これで底が見えてきたのだ．原始関数の集合をGとすると，Gの任意の元が不定積分です」

「Gの任意の元なら原始関数じゃないですか」

「そこがデリケートなところ．任意の元と特定の1つの元とは似て否なるもの」

「なるほど．Gの任意の元はGを変域とする変数ですね．だとすると不定積分は変数ですね」

「関数なのに変数は妙だが，その責任は用語にある」

「変元と呼んでは」

「慣用にない．変項はあるけど，論理学向きのよう……数学には**不定元**というのがある」

「じゃ，不定関数が適切でしょう」

「そうはいっても，コトバは史的産物，慣用は無視できない．定積分というのもあるから落ち行く先は不定積分……要は，用語でなく，その対象の正しい理解ですね」

「原始関数は定義にもどれば$F'(x)=f(x)$をみたす関数$F(x)$の1つだから，その集合は

$$G=\{F(x)|F'(x)=f(x)\}$$

と表される．ここで，Gの任意の関数を不定積分と定義してしまってはどうか」

「なるほど，そら名案ですね．これならまだ積分定数が現れないから定数という用語に迷わされることもなさそうだ．定数が文字のときは動かせば変数になるのは数学の常識．x^2-3x+Cはxの関数とみるとCは定数項ですが，この定数の名にとらわれるのは危険です．Cはxとは独立に動かせる．そこが要点ですね」

「2つの独立変数x, Cの関数とみて，$F(x, C)$とするほうがよさそう」

「xとCを同格にみるのが気になるなら，$F_C(x)$でもよいだろう．しかし，記号をいくらくふうしても，内容が伴わなければ"仏作って魂入らず"となりそうです」

「結局，分ったようで，不安ですが」
「分ったことにしておこう」

5
極値に迷う

　女子大生のアルバイトを思わせるようなウェートレスが，1杯のココアを置いていった．ほのかな香りが目の前で動いた．なぜか，動いたというのがピッタリする感じであった．メガネをかけ，ココアを静かに手に持つ …… ふと，若かりし頃愛読し，いまも忘れることのない，石川啄木の詩を思い出した．その題は …… ココアのひとサジ

　われは知る，テロリストの
　かなしき心を ──
　言葉とおこないとを分ちがたき
　ただひとつの心を，
　うばわれたる言葉のかわりに
　おこないをもて語らんとする心を，
　われとわがからだを敵になげつける心を ──
　しかして，そはまじめにして　心なる人の常にもつかなしみなり．

　はてしなき議論の後の
　さめたるココアのひとサジをすすりて，
　そのうすにがき舌ざわりに，
　われは知る，テロリストの

5. 極値に迷ろ

かなしさ，かなしき心を．

　言葉とおこないとの一致しない人のなんと多いことか …… 今の世は ……、啄木とて言葉とおこないが一致したわけではないが，純心な何物かに引かれる思いのする詩だ …… などと一人ココアを楽しんでいると，F女がパンタロンにコートのさりげないよそおいで現れた．

　「ラッシュで，すごいのよ」

　「いつものことじゃない」

　「いえ …… きょうはなにかあったのよ．きっと ……」

　「こう人が多いとね．砂漠か草原でも，1人，さまよいたい気持だ」

　「2人じゃいけません …… 極地を ……」

　「極地！　いや，もう寒いのはごめんです」

　「でも，寒くない極地もありますのよ」

　「一体何をいおうとしているのです」

　「ウフフ …… 数学の極値のことよ」

　「シラケるじゃない」

　「極地は白一色 …… シラケますわ」

　「きょうは，いやに，切り込んで来ますね．あとが怖いよ．極値がどうしたというのです」

　「迷いっぱなしですの …… 増加から減少にうつる点が極大，減少から増加にうつる点が極小 …… そう教えていましたの …… だって，テキストにそうあるんですもの ……」

　「それで ……」

　「新しいテキストでは …… a を含むせまい範囲でみたとき，$f(x)$ が $x=a$ で最大になることが極大 …… だいたいこんなふうにかいてあります．どちらが正しいですの」

　「どれも正しく，どれも正しくない」

「テキストは無責任ね」

「著者に代って物申せば，教育的配慮となりそうです．もちろん，数学としては異論があるでしょうが」

「知りたいのは，その数学としての異論」

「数学の定義とか，厳密とかいうのは，土俵によってきまることで …… 竹を割るようなわけにはいきませんね．高校で取扱う程度の関数なら，どちらの定義をとろうと問題にならんでしょう」

「でも，はじめの定義なら，山の頂上が極大 …… あとの定義ですと，平らな山の頂上も極大になりますよ．こんなふうに ……」

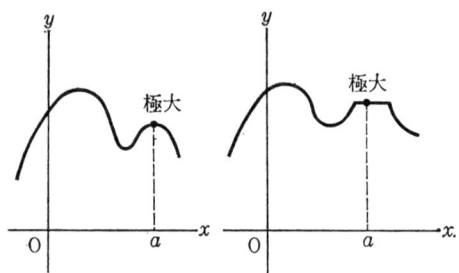

「高校に …… そんなひねくれたのあるんですか」

「ありますわ．大学の入試には」

「どんなものです」

「たとえば …… こんなもの ……

$$y = \max\{3-x^2, |x|+|x-2|\}$$

グラフはこんな線 …… 1から2までが極小だなんてヘンでしょう」

「イジが悪い．テキストとしては予定しない関数 ……」

「でも，学生は真剣 …… 困るのは先生 ……」

「なるほど，それでは，数学的に考えてみますか．第1の定義 —— 増加から減少

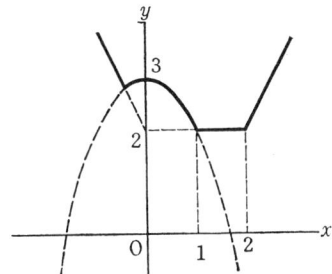

にうつる点が極大 —— くわしくは，増加区間から減少区間へうつる点ということでしょう．この定義，極大点の前後の状態に口を出し過ぎる感じです」

「それ，どういうこと」

「前後で，増減を限りなくくり返すのに，極大らしい点だってある．たとえば，ちょっとひねくれたもの

$$y = x^2 \left(\sin \frac{1}{x} - 2 \right)$$

グラフは2つの放物線 $y=-x^2, y=-3x^2$ の間を限りなく振動しながら原点に近づく」

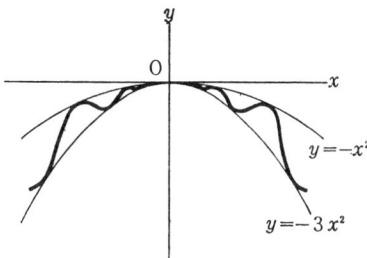

「ホント，不思議ね」

「これを極大から除いては不自然でしょう．だから，前後の状態に口を出し過ぎるといったのです」

「第1の定義は失格?」

「そうなります」

「第2の定義なら合格です」

「第2の定義は,はっきりいえば —— a を含む十分小さい開区間 V をとると, V 内の a と異なる x に対して,つねに,

$$f(x) \leqq f(a)$$

が成り立つとき,点 a で $f(x)$ は極大 —— ということです.これなら,いまの例も極大にはいる」

「水平な山の頂きもはいりますが」

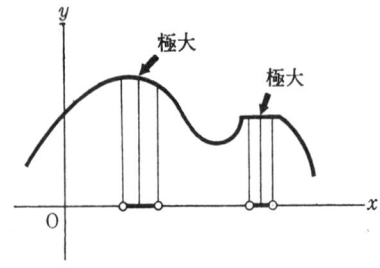

「それがはいって気持が悪いなら, 第3の定義として,等号を除き,つねに

$$f(x) < f(a)$$

としたらどうです」

「気持しだいでかえるなんて ……」

「かってにかえてるようで …… 実際は節度がある.極値と呼びたい対象がきまっているのですから …… 要は,理論の展開に,どれがよいかということでしょう」

「最近の傾向 …… どうですの」

「最近ではなく,前から,2通りあるようですよ.第2と第3の定義 …… 第2のほうは広い意味で,第3のほうが狭い意味 …… まとめてみましょう.

> 点 a の近傍 V_a を適当にとると，つねに
> $$x \in V_a \Rightarrow f(x) \leqq f(a) \qquad ①$$
> となるとき，$f(x)$ は点 a で広い意味で極大になるといい，$f(a)$ を極大値という．
>
> ①を $x \in (V_a - \{a\}) \Rightarrow f(x) < f(a)$ としたときは，狭い意味で極大になるという．

狭い，広いの代りに，強い，弱いを用いる人もいますね」

「理論の展開には，どちらがよいですか」

「広い意味でしょうね．とくに，多変数では …… そこまで考えなくとも，高校で …… 閉区間で連続な関数の最大値は，極大値と区間の端の値から選ぶ …… などというでしょう．狭い意味ですと，ノッペラボーの山頂が抜けてしまう」

「強弱を考えるのは数学の宿命みたい．単調増加，減少の強弱，それから ……」

「関数の凹凸にもある．直線を入れるかどうかで ……」

「順序関係にもあるでしょう」

「あれは，弱の方が最近は主流．数学以外にも多いですよ．先生は聖職だ，いや労働者だなんていうアホナ対立を含めて」

「それも意味の強弱？」

「考えようによってはね．男性か女性かを見分けるのだって，この頃は楽じゃない」

「あら，いやだ．私，ダンゼン女性よ．先生は男性でしょう」

「少くとも服装に関する限り，男女の区別は困難になった．とくにうしろ姿では ……．人権ともなれば一層痛切」

「じゃ，金権もはっきりさせましょうよ．きょうの支払いは，先生よ」

「ハア，もう，いうこと無し」

6
Max と Min に泣く

　土曜日の午後,いつものK君が来た.しばし雑談のあとで……
「解析のほうは何をやってる?」
「多変数の関数の極値」
「濡れ場のクライマックス」
「僕には,解析全体が濡れ場……泣かされっぱなしです」
「島倉ちい子,竹久夢路……泣けて泣けて……それが楽しいという人もおるが」
「僕は男です」
「甲子園をみよ.男が泣いてる」
「あれは別です.数学で泣いても涙は出ない」
「だから高級……といいたいところ」
「極値の定理の有難さを知ろうと,問題に当ってみた.結果が予想できては面白くないから,簡単に予想できないものを……」
「見上げた心掛け.どんな問題か」
「楕円に内接する三角形のうち面積の最大のものは何か,というのです」
「最初から手答えのあるのをねらうとは気が強い」
「楕円の方程式を
$$\frac{x^2}{a^2}+\frac{y^2}{b^2}=1$$

とおいた.この上の3点 A, B, C の座標は

$$(a\cos\alpha, b\sin\alpha), \quad (a\cos\beta, b\sin\beta)$$
$$(a\cos\gamma, b\sin\gamma)$$

と表した.ただし $0\leqq\alpha<\beta<\gamma<2\pi$」

「パラメータを用いたのは賢明」

「三角形 ABC の面積は,a, b を外へ出して

$$S=\frac{ab}{2}\begin{vmatrix}\cos\alpha & \sin\alpha & 1\\ \cos\beta & \sin\beta & 1\\ \cos\gamma & \sin\gamma & 1\end{vmatrix}$$

線型代数で習った公式です.展開すると

$$S=\frac{ab}{2}\{\sin(\beta-\alpha)+\sin(\gamma-\beta)+\sin(\alpha-\gamma)\}$$

$\frac{ab}{2}$ はじゃまけだから

$$f(\alpha, \beta, \gamma)=\sin(\beta-\alpha)+\sin(\gamma-\beta)-\sin(\gamma-\alpha)$$

とおいて,この極値を求めることにした.偏微分を行って

$$f_\alpha=-\cos(\beta-\alpha)+\cos(\gamma-\alpha)$$
$$f_\beta=\cos(\beta-\alpha)-\cos(\gamma-\beta)$$
$$f_\gamma=\cos(\gamma-\beta)-\cos(\gamma-\alpha)$$

これを 0 とおいて

$$\cos(\beta-\alpha)=\cos(\gamma-\beta)=\cos(\gamma-\alpha)$$

これを解くのに苦労.$(\beta-\alpha)+(\gamma-\beta)$ は $\gamma-\alpha$ になることに気付かなかったのです」

「図をみればすぐ分ったろうに……残念」

「苦労のあとで

$$\beta-\alpha=\frac{2\pi}{3}, \quad \gamma-\beta=\frac{2\pi}{3}, \quad \gamma-\alpha=\frac{4\pi}{3}$$

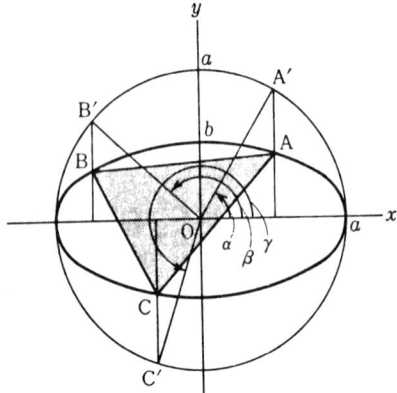

次が本番,極値の判定です.

$$f_{\alpha\alpha} = -\sin(\beta-\alpha) + \sin(\gamma-\alpha)$$
$$f_{\beta\beta} = -\sin(\beta-\alpha) - \sin(\gamma-\beta)$$
$$f_{\gamma\gamma} = -\sin(\gamma-\beta) + \sin(\gamma-\alpha)$$
$$f_{\alpha\beta} = f_{\beta\alpha} = \sin(\beta-\alpha)$$
$$f_{\alpha\gamma} = f_{\gamma\alpha} = -\sin(\gamma-\alpha)$$
$$f_{\beta\gamma} = f_{\gamma\beta} = \sin(\gamma-\beta)$$

先に求めた角の値を代入すると

$$f_{\alpha\alpha} = f_{\beta\beta} = f_{\gamma\gamma} = -\sqrt{3}$$

$$f_{\alpha\beta} = f_{\alpha\gamma} = f_{\beta\gamma} = \cdots\cdots = \frac{\sqrt{3}}{2}$$

$$\Delta_3 = \begin{vmatrix} -\sqrt{3} & \dfrac{\sqrt{3}}{2} & \dfrac{\sqrt{3}}{2} \\ \dfrac{\sqrt{3}}{2} & -\sqrt{3} & \dfrac{\sqrt{3}}{2} \\ \dfrac{\sqrt{3}}{2} & \dfrac{\sqrt{3}}{2} & -\sqrt{3} \end{vmatrix}$$

$$\varDelta_1 = -\sqrt{3} < 0$$

$$\varDelta_2 = \begin{vmatrix} -\sqrt{3} & \dfrac{\sqrt{3}}{2} \\ \dfrac{\sqrt{3}}{2} & -\sqrt{3} \end{vmatrix} = \dfrac{9}{4} > 0$$

$\varDelta_3$ は第2列と第3列を第1列に加えるとみんな0になるから

$$\varDelta_3 = 0$$

予想は極大……$\varDelta_1, \varDelta_2, \varDelta_3$ の符号が $-, +, -$ となってほしかったのに……そうはならない」

「それで，どうした」

「テーラーの公式にもどることにした．$\beta - \alpha = \dfrac{2\pi}{3}$, $\gamma - \beta = \dfrac{2\pi}{3}$ をみたす1組を $(\alpha_0, \beta_0, \gamma_0)$ として

$$\alpha = \alpha_0 + h, \ \beta = \beta_0 + k, \ \gamma = \gamma_0 + l$$

とおくと

$$f(\alpha, \beta, \gamma) = f(\alpha_0, \beta_0, \gamma_0) + A_1 + A_2 + \cdots\cdots$$

h, k, l の1次の項 A_1 は0だから，2次の項 A_2 を求めた．

$$A_2 = \dfrac{1}{2} {}^t\!\begin{pmatrix} h \\ k \\ l \end{pmatrix} \begin{pmatrix} -\sqrt{3} & \dfrac{\sqrt{3}}{2} & \dfrac{\sqrt{3}}{2} \\ \dfrac{\sqrt{3}}{2} & -\sqrt{3} & \dfrac{\sqrt{3}}{2} \\ \dfrac{\sqrt{3}}{2} & \dfrac{\sqrt{3}}{2} & -\sqrt{3} \end{pmatrix} \begin{pmatrix} h \\ k \\ l \end{pmatrix}$$

$$= \dfrac{\sqrt{3}}{2}(-h^2 - k^2 - l^2 + lm + ln + mn)$$

$$= -\dfrac{\sqrt{3}}{4}\{(l-m)^2 + (l-n)^2 + (m-n)^2\} \leqq 0$$

これが出たときはうれしかった．

$$f(\alpha, \beta, \gamma) - f(\alpha_0, \beta_0, \gamma_0) \leqq 0$$

点 (a_0, β_0, γ_0) で広義の極大……すなわち a, β, γ が

$$\beta - a = \frac{2\pi}{3}, \quad \gamma - \beta = \frac{2\pi}{3}$$

をみたすとき広義の極大で……かつ最大」

「念のためきくが，君の用いた定理は，君のノートにはどうかいてあるのか」

「$\boldsymbol{x} = (x, y, z)$ の関数 $f(\boldsymbol{x})$ が点 $\boldsymbol{x}_0$ の近傍で C^2 級であって，点 $\boldsymbol{x}_0$ が停留点のとき

$$f_{xx}(\boldsymbol{x}_0) = A,\ f_{yy}(\boldsymbol{x}_0) = B,\ f_{zz}(\boldsymbol{x}_0) = C$$
$$f_{xy}(\boldsymbol{x}_0) = F,\ f_{xz}(\boldsymbol{x}_0) = G,\ f_{yz}(\boldsymbol{x}_0) = H$$

$$\Delta_1 = A$$

$$\Delta_2 = \begin{vmatrix} A & F \\ F & B \end{vmatrix}$$

$$\Delta_3 = \begin{vmatrix} A & F & G \\ F & B & H \\ G & H & C \end{vmatrix}$$

とおくと

$\Delta_1 > 0,\ \Delta_2 > 0,\ \Delta_3 > 0$ ならば $\boldsymbol{x}_0$ で極小

$\Delta_1 < 0,\ \Delta_2 > 0,\ \Delta_3 < 0$ ならば $\boldsymbol{x}_0$ で極大

その他のとき，不明

多分，こうだったと思う」

「よく，覚えていたなー」

「読み返して来た」

「多分，そんなことだろうと思ったよ．ところで，君の解答はあやしい」

「答は合うが，推論があやしければ，解答としては失格．結果のみで価値をきめるのはプラグマチズムの亜流……．君のは偶然の成功だ」

「実は……後半の判定……演習の本をみたのです」

「なんだ．君も人が悪い．そうなら，そうと，最初にいえばいいのに……」

「権威のある本の解答があやしいなんて，信じられないな」

「著者は万能の神じゃない．ときには，しくじるよ．この頃，その神も頼りないが……」

「どこが悪いのですか」

「理論をとばし結論をいえば，テーラーの展開式の用い方……A_3 以下の省略，つまり h, k, l の3次以上の項の省略が乱暴なのだ」

「ホントですか．1変数のときはよかったのに……」

「1変数のとき正しくても，多変数のとき正しいとは限らない．1変数のときの展開式は

$$f(x_0+h)=f(x_0)+hf'(x_0)+\frac{h^2}{2!}f''(x_0)+\frac{h^3}{3!}f'''(x_0)+\cdots\cdots$$

$|h|$ を十分小さくとることによって，$|h^2|$ よりも $|h^3|, |h^4|, \cdots\cdots$ を，希望通り小さくできる．だから，$f'(x_0)=0$ のとき

$$f(x_0+h)-f(x_0)$$

の符号は $\frac{h^2}{2!}f''(x_0)$ で判断できる．だが，多変数では，そうはならないのだ」

「そこが分らない．多変数だと，どうしていけないのですか」

「それを納得する近道は反例を知ることだろう．たとえば

$$f(x,y)=(y-2)^2-(x-1)^4$$

の極値を求めてごらん．先の要領で……」

「2変数だから気が楽……

$$f_x(x,y)=-4(x-1)^3$$
$$f_y(x,y)=2(y-2)$$

これを 0 とおいて $x=1, y=2$

$$f_{xx}(x,y)=-12(x-1)^2$$
$$f_{yy}(x,y)=2$$

$$f_{xy}(x, y)=0$$

停留点$(1,2)$では

$$f_{xx}(1,2)=0, \quad f_{yy}(1,2)=2, \quad f_{xy}(1,2)=0$$

$$\Delta_1=0, \quad \Delta_2=\begin{vmatrix} 0 & 0 \\ 0 & 2 \end{vmatrix}=0$$

$\Delta_2=0$ だから定理が役に立たない」

「前と同じに,展開式

$$f(1+h, 2+k)=f(1,2)+A_1+A_2+\cdots\cdots$$

の h, k の2次の項 A_2 を求めてごらん」

「

$$A_1=0$$

$$A_2=\frac{1}{2}{}^t\begin{pmatrix} h \\ k \end{pmatrix}\begin{pmatrix} 0 & 0 \\ 0 & 2 \end{pmatrix}\begin{pmatrix} h \\ k \end{pmatrix}=k^2 \geqq 0$$

$$f(1+h, 2+k)-f(1,2) \geqq 0$$

点$(1,2)$で広義の極小で……最小です」

「君の……いや,君の本の理論によるとそうなる.しかし,それが,あやしい.君の求めた最小値は $f(1,2)=0$ であるのに,$x=2, y=2$ を代入してみると $f(2,2)=-1$」

「オドロキ!」

「そうでしょう.原因は h, k の3次以上の項の安易な省略にある」

「じゃ,省略しないで,3次以上も求めてみれば,はっきりする……?」

「この例では展開式の項は有限……4次で終るから,それが可能」

「やってみる.

$$f_{xxx}=-24(x-1), \text{ その他は }0,$$

しかも $f_{xxx}(1,2)=0$ だから $A_3=0$

$$f_{xxxx}=-24, \text{ その他は }0,$$

6. max と min に泣く **37**

$$f_{xxxx}(1, 2) = -24 \text{ だから}$$

$$A_4 = \frac{1}{4!}(-24)h^4 = -h^4$$

$$f(1+h, 2+k) - f(1, 2) = k^2 - h^4$$

ミスはないと思うが……」
「そんな馬鹿正直なことをやらなくとも，もとの関数に $x=1+h, y=2+k$ を代入すれば簡単なのに……」
「なんだ．そうか」
「まあ，いいよ．k^2-h^4 の符号は？」
「h^4 は k^2 より小さいから略して k^2……」
「それ，そこだ．h と k は別の変数，かってに変る」
「あ！ そうか」
「k の動きが止ったとき，$|h|$ を十分小さくとって $k^2-h^4>0$ とできる．しかし k が負けず嫌いで，$|k|$ がさらに小さくなったとすると $k^2-h^4<0$ となる．追いつ追われつで k^2-h^4 の符号が定まらない．h と k は競走に疲れ，関係 $k^2=2h^4$ を守りながら小さくなるとすれば $k^2-h^4=h^4$ はつねに正，もし関係 $k^2=\frac{1}{2}h^4$ を守るとすれば $k^2-h^4=-\frac{1}{2}h^4$ はつねに負」
「なるほど．これは意外……h^4 は省けない」
「曲面をかいてみれば，実態を，もっとはっきり認識できるだろう．

$$f(x, y) = \{y - 2 + (x-1)^2\}\{y - 2 - (x-1)^2\}$$

2つの放物線

$$y = 2 - (x-1)^2, \ y = 2 + (x-1)^2$$

の上では関数の値は0，間の領域では負，その他の領域では正……」
「へんな曲面のようですね」
「そうでもない．およそ，こんな図．あきらかに点 $(1, 2)$ は極小でも，極大でもない」

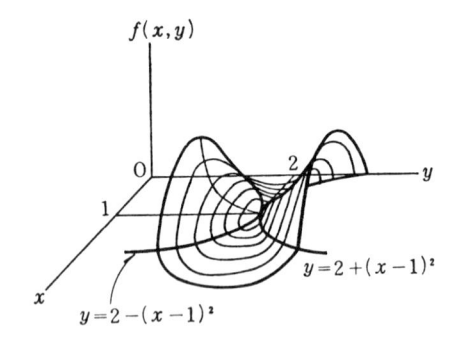

「これでも鞍点でしょう」
「そう．地形でみれば峠」

     ×   ×

「結局……楕円の例は，どうすればよいのですか．僕の解答が失格だとすると……」
「あの関数を，じっくり眺める．

$$f(\alpha, \beta, \gamma) = \sin(\beta-\alpha) + \sin(\gamma-\beta) - \sin(\gamma-\alpha)$$

普通の形じゃないでしょう」
「どこですか．変っているのは」
「見かけは3変数でも，中味は2変数」
「2変数……？？」
「$\beta-\alpha=u$, $\gamma-\alpha=v$ とおくと $\gamma-\beta=v-u$ となるから，u と v の関数

$$g(u, v) = \sin u - \sin v + \sin(v-u)$$

に変身だ．この置きかえは $\beta=\alpha+u$, $\gamma=\alpha+v$ と同じで，β, γ を α を基準として表したもの．図をみれば，タネが分る」
「なんだ．そんなことだったのか」
「えらそうにいうじゃない．$\alpha=w$ とおいて w を追加したとしても，式には現れない．w は浪人みたいなものでね，0 と 2π の間をかってに動きまわるが，この関数

6. max と min に泣く **39**

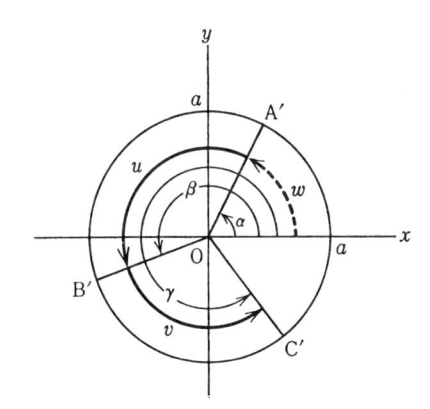

の値には影響がないのだ」
「この関数ならば, 定理があてはまりそうな予感……」
「多分ね, やってごらん」
「偏微分を行うと

$$g_u = \cos u - \cos(v-u)$$
$$g_v = -\cos v + \cos(v-u)$$

これを 0 とおいて

$$\cos u = \cos v = \cos(v-u)$$
$$u = \frac{2\pi}{3}, \quad v = \frac{4\pi}{3}$$
$$g_{uu} = -\sin u - \sin(v-u)$$
$$g_{vv} = \sin v - \sin(v-u)$$
$$g_{uv} = g_{vu} = \sin(v-u)$$

上の値を代入して

$$g_{uu} = g_{vv} = -\sqrt{3}, \quad g_{uv} = g_{vu} = \frac{\sqrt{3}}{2}$$

$$\varDelta_1 = -\sqrt{3} < 0$$

$$\varDelta_2 = \begin{vmatrix} -\sqrt{3} & \dfrac{\sqrt{3}}{2} \\ \dfrac{\sqrt{3}}{2} & -\sqrt{3} \end{vmatrix} = \dfrac{9}{4} > 0$$

これはうまい．定理でズバリ極大……同時に最大」

「どうして最大か」

「有界閉領域だから」

「それごらん．君のは内容無視……オウムと変らんよ．定義域は

$$D:\ 0<u,\ u<v,\ v<2\pi$$

これが，どうして閉領域か．有界ではあるが……」

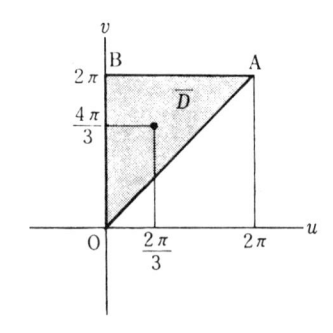

「等号を追加して拡張する」

「そんなら，そうと，はっきり……

$$D:\ 0\leqq u,\ u\leqq v,\ v\leqq 2\pi$$

とおいて，境界上の関数の値は $g(u,v)$ の式で定義すべきです」

「有界閉領域だから，極大は最大……」

「そこも，オウム返し．"……極値は極大1つであるから最大……"とはっきり」

6. max と min に泣く **41**

「いけない．高校のくせが出た」
「曲面をかいてみたら……」
「必要ですか」
「解答では不要でも，勉強では有用だ．曲面のイメージ作りは，多変数の関数の理解に欠かせない．そのモデルは2変数のときの曲面……図をかくのは思いのほか楽しいものですよ」

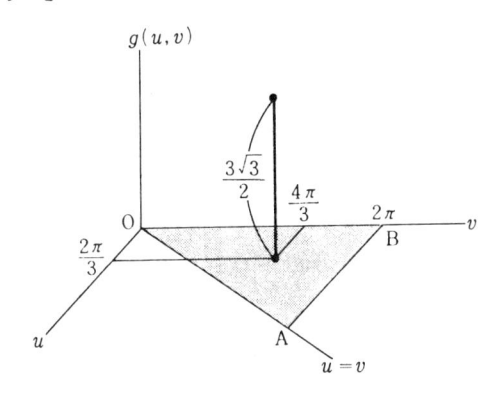

「最大値は $g\left(\dfrac{2\pi}{3}, \dfrac{4\pi}{3}\right) = \dfrac{3\sqrt{3}}{2}$，定義域 $\bar{D}$ は三角形 OAB の内部．曲面が内部で盛り上り，点 $\left(\dfrac{2\pi}{3}, \dfrac{4\pi}{3}\right)$ が山の頂であることは分るが，図がうまくかけない」

「極値を学ぶときの曲面は，定義域の境界のようすがたいせつ．境界における関数の値を求めてみては……」

「OA 上では $v=u$ とおいて $g(u,v)=0$，OB 上では $u=0$ とおいて $g(u,v)=0$，AB 上では $v=2\pi$ とおいて，やっぱり 0，山のすそのは境界で終る」

「すそのといっても，富士のすそののように，なだらかなのもあれば，僕の田舎の

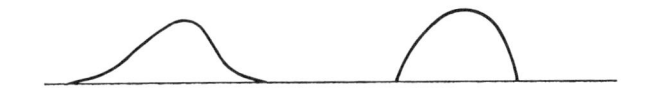

山のように平地にぽっくり盛り上ったのもある」

「そこまで調べるのですか」

「たまにはね，そういう学習も楽しむものですよ．曲面の知識が豊かになり，観察力も高まる．断面を1つ作ってみては……山をま2つに分けた」

「ま2つに……頂点からバッサリ……それには直線 $v=2u$ に垂直な平面がよさそう．$v=2u$ を代入すると

$$g(u, 2u)=2\sin u-\sin 2u \qquad (0\leqq u\leqq \pi)$$

グラフは2つのサインカーブの合成．微分してみると

$$g'(u, 2v)=2\cos u-2\cos 2u$$
$$=-2(\cos u-1)(2\cos u+1)$$

これが0になるのは $u=0, \dfrac{2\pi}{3}$ のとき．こんなグラフになるが……」

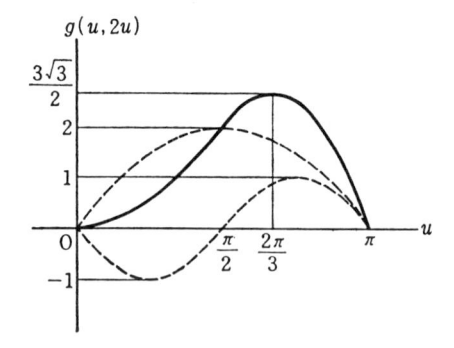

「すてきな形の山じゃない．これで曲面のようすが，かなりハッキリ頭に浮んで来たと思うが」

「すそのは，AB 上ではポッコリ型であることが分ったが，他の境界上は不明……もう1つ断面を……」

「断面もいいが，手間がかかる．曲面のようすを局所的に示すのは全微分

$$du\, g_u(u, v) + dv\, g_v(u, v)$$

だが，ひねくれていないところなら，偏微分でも，およそのようすが分る．たとえば境界 AB 上のようすなら $v=2\pi$ とおいて

$$g_u(u, 2\pi)=0, \quad g_v(u, 2\pi)=\cos u - 1$$

u 軸の方向は水平だが，v 軸の方向は下り坂で……くわしくみれば AB の中点に近いほど勾配がきつい」

「OA 上は僕がやる．$v=u$ とおいて

$$g_u = \cos u - 1, \quad g_v = 1 - \cos u$$

$0 \leqq u \leqq 2\pi$ の両端を除けば $g_u < 0, g_v > 0$

 u 軸の正の方向にすすむとき下り

 v 軸の正の方向にすすむとき上り

OB 上では $u=0$ とおいて

$$g_u = 1 - \cos v, \quad g_v = 0$$

 u 軸の正の方向にすすむと上り

 v 軸の正の方向では水平

曲線のようすが，はっきりして来た」

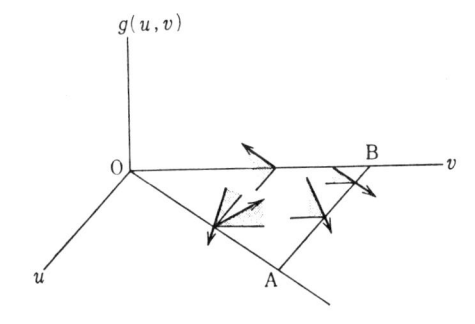

「これだけ分れば，曲面は，かなりくわしくかける．地図のように等高線をいれて感じを出そうか」

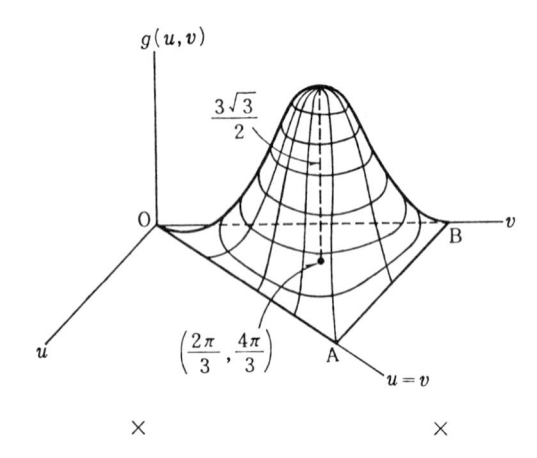

×   ×

「僕の予想……いや予感かな……関数

$$f(x, y, z) = x^2 + y^2 + z^2 - yz - zx - xy$$

は，楕円の例に似ていそう」
「どうして？」
「書きかえると

$$\frac{1}{2}(y-z)^2 + \frac{1}{2}(z-x)^2 + \frac{1}{2}(x-y)^2$$

となって形が似てるから」
「うー，君の着眼は頂き．x を基準に y, z を表すため $y = u + x, z = v + x$ とおくと

$$\begin{aligned} g(u, v) &= \frac{1}{2}(u-v)^2 + \frac{1}{2}v^2 + \frac{1}{2}u^2 \\ &= u^2 - uv + v^2 \end{aligned}$$

2変数にかわった．極値の求め方をくらべてみれば面白そう．君にはうってつけの

課題だ．しかし f は3変数だから曲面はかけない．図でガッチリとつかみたいなら，2変数の例

$$f(x, y) = x^2 - 2xy + y^2$$

がよいだろう」

「なるほど $f(x,y)=(x-y)^2$, $y=u+x$ とおくと $g(u)=u^2$……これなら簡単，式をみるだけで曲面がわかる．雨桶型です」

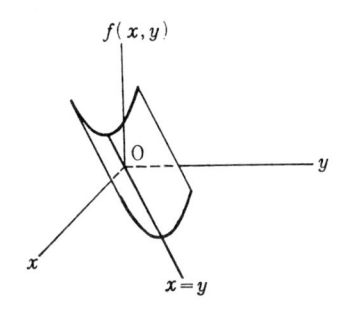

「正体が分ったろう．$g(u)=v^2$ のグラフは曲面の切口．切口を平行移動しても形が変らない．これで曲面の正体みたり」

「こんなことも分らないと，頭の正体みたり，なんて，いわれそうだ．多変数の極値は怖いが，曲面を想像するのは楽しい」

7
Max, Min の残像

　昆虫は脱皮をくり返して成長する．よく観察すると動物はすべてそうらしく，脱皮が徐々に行われるか，定期的に一気に行われるかの差に過ぎないようである．人間の成長も例外ではなく自然の摂理に逆らうことはできない．しかし，人間の場合には，身体の成長に伴う精神の成長に，大きなウェートのあることだろう．精神の成長を計画的にうながすのが教育である．なだらかな成長のはずの精神の成長は，人為的教育制度によって，小，中，高，大と段階的に行うことは，人間も昆虫に似た脱皮を強いてるといえよう．この制度化には，大きなメリットがあるが，ややもするとデメリットが頭をもち上げ，思わざる障害を生まないとはいえない．

　昆虫の脱皮は見事なものであるが，そのためには，信じがたい程に用意周到な準備過程のあることは疑いない．生物の長たることを自認する人間が，はたして，教育の脱皮に当って，昆虫に劣らない慎重なプランを実行しているかと問われると，自信をもって yes と答える人は少ないのではないか．一貫教育というのはやさしいが，実行は至難である．小，中，高はまあまあとして，高校から大学への脱皮は，無計画で，混沌たる状態のようである．数少ない例外は認めるとして，これがわが国の偽らざる現状であろう．

　少々，大上段に構え過ぎたようだ．ここで，この大問題について論ずる積りはない．しかし，一事が万事の諺がある．塵もつもれば山となるともいう．大事を見失

わないためには，小事から目をそらさないことが効果的なこともあろう．まあ，そんな積りで，数学のささやかな一例を取り挙げてみたい．

×   ×

高校の数学は，すんなりと大学の数学につながるのが望ましいにきまっている．とは，いっても，数学は概念を絶えず拡張し，統合してゆく体質を備えているから，高校で学んだことが，そのまま通用するとは限らない．そこで，すなおに脱皮できるような数学の指導が生まれる，と同時に，大学へは脱皮のための木目のこまかい指導が望まれよう．

高校についてみると，教育的配慮の名において工夫された指導の中に，脱皮のための障害が，おりおり隠されている気がしてならない．それが関数の中，とくに微積分にかかわる内容に多いようである．極値がその一例で，その前提になる増減も見落せない．その実態は，学生との問答・対話をとうしてみるとき，一層あらわになるもので，ときにはへたな漫談なみの笑いをさそう．

×   ×

増加・減少問答

増加と減少は並列的に取扱い得る概念であるから増加を挙げれば十分である．増加には区間におけるものと，1点に関するものとがあるが，基本的なのは区間のほうである．

区間における増加は，多くの人にとっては常識的であるが，数学的定式化は必ずしも常識的とはいえないようである．

「関数が，ある区間で増加とは，どういうことか」

「導関数が，つねに正になる場合です」

「3次関数 $f(x)=x^3$ は，原点で $f'(x)=0$ ですよ．こんなグラフ……この関数は増加といわないのか」

「？？……増加です」

「ぐらついて来た．震度1……それと気付く程度のゆれですが」

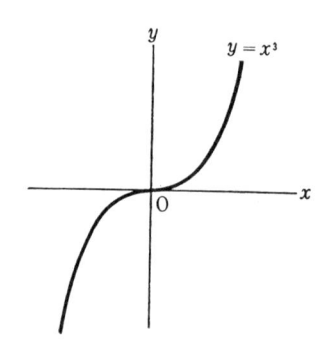

「ときどき0になってもよい」

「微妙なことは，さておき，君の説だと，微分法を知らないものは，増加かどうかも分らないわけだ．中学生はもちろん……微分法など，とうの昔に忘れてしまった大衆も……君だって10年先はあやしい」

「微分法がダメなら2点の増加でみる」

「2点の増加？　初耳！」

「先生，そんなのも知らないのですか」

「知らないね」

「店の売り上げが，先月は120万円で今月は150万円ならば増加ですが」

「それを，2点の増加というのか」

「常識じゃない」

「何が常識か．君の造語だ．"1点で増加の状態"はあるが"2点で増加"はない．やたらと，新語を作るんじゃない．君はその気で用いても，他人は迷惑……市民権のないコトバはね，コトバにしてコトバにあらず．関数を $f(x)$，区間を D として……数学らしく……はっきり，かいてごらん」

「D 内の任意の2点を $x_1, x_2 (x_1 < x_2)$ としたとき $f(x_1) < f(x_2)$ となること」

「最初から，そういえばよかったのに……」

「でも，高校では導関数で習った」

7. max, min の残像 **49**

「ホントかね．導関数で見分けたのでしょう．その前に増加, 減少の定義を習ったはず」

「いえ，ホントです．微分法の前では……グラフの上り下り……」

「そういえば，そんな先生もおるらしい．教科書ヌキで，問題集で鍛える……もっとも，教科書をまともに読もうとしない学生にも罪はあるがね」

×   ×

まあ，こんな調子だから手がやける．増加も広義と狭義が現れると一層混乱する．とくに$f(x)=x^3$のように，導関数が0のときがあっても狭義の増加となると，どうしようもないらしい．目木の細かい指導プランの望まれる理由がそこにある．

区間における増加の指導は

代数的定義➡導関数による判定

と，体系を設定するのが第1歩である．

代数的定義

関数$f(x)$の定義域Eに含まれる区間をDとする．Dに属する任意の2点x_1, x_2 ($x_1 < x_2$) に対して，つねに

$$f(x_1) < f(x_2) \qquad ①$$

が成り立つとき，$f(x)$は区間Dで増加という．

①に等号を許し$f(x_1) \leq f(x_2)$が成り立つときは**広義の増加**という．

減少も同様に．この程度のはっきりした定義から出発してはどうか．そんな定義は難解で，学生には無理だという人のおることは承知である．しかし，学生からの度々の質問を分析した実感から，こんな結論に達する．少くとも，一部の学生に対しては，適当な機会に，明確な定義を与えるのが有効な指導であるとの信念なのである．そうでないと関数の増減の微妙なところは切り抜けようがない．

もちろん，定義の理解には実例による練習は欠かせない．区間Dもいろいろのものを選んで，閉区間，開区間などに関係なくいえる定義であることを確認しておき

たい．そうでないと，関数 $f(x)=x^2$ は $(0, \infty)$ では増加だが $[0, \infty)$ では増加でない，といった学生の現れる危険がある．この混乱は学生に限らず，先生にもあるのが実態である．

区間における増減の代表的定義を理解したとしても，導関数による判定がスムーズに済むとは限らない．微分法の背景には極限の概念があり，その微妙さが理解に影を落すからである．

この話は後へ回し，1点での増減をのぞいてみる．

×　　　　　　　　　×

1点における状態

区間における増減の指導でさえ苦労するのに，何を好んで1点における増減をやるのか，といった意見がある．たしかに1点における増減は無ければ無いで，どうにかなる．しかし，モノは使いようともいう，指導いかんでは1点での増減も生かされるかも知れない．

ある1点の増加の状態は，常識の範囲では理解しにくいもので，その定義には多分に人偽的なところがある．1点では不動とみるのが常識，時刻における速度を考える困難に似ている．

講義の前に，数人の学生を呼び，既習の数学の実態をさぐるのは楽しいものである．既習でなくても，学生の数学的イメージがそれとなく分るのは得がたい収穫である．

「関数が，ある1点で増加の状態にあるというのを知っているか」

「習ったような気がする」

「頼りないね．M君はどう？」

「習った」

「どう習った．いや，覚えているか」

「微分係数が正の点です」

「そうか．それでは $f(x)=x^3$ は原点で増加の状態とはいわないのですね」

「変曲点です」

「増加の状態ではないのだね」

「はい」

「では $g(x)=x^3+x$ は原点でどうか. $g'(x)=3x^2+1$, $g'(0)=1$ ですが」

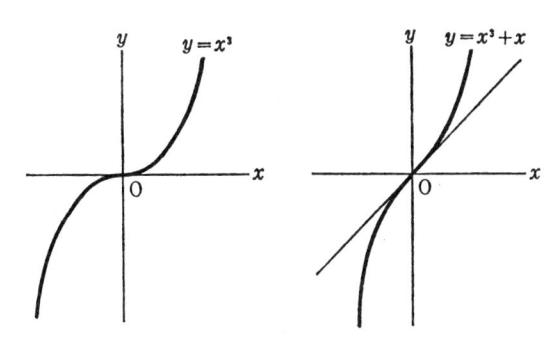

「増加の状態」

「$g''(x)=6x$ から $x=0$, 原点は変曲点でもあるが」

「どちらでもいいです」

「そろそろボロが出て来た」

　じっと問答をきいていたYさんが助け舟を出した.

「わたしは習わないが……コトバから受ける感じでは，前でも後でも増加する点のよう……」

「フィーリングで解釈とは女性的……勘は理論より強いこともある. 男性はそれに泣かされる」

「先生, それ, 感情と理性じゃないですか」

「さては，君たちも, 日頃やられてるな」

「女性を前に，かってなことを……わたしの考えはどうなの」

「1点の前で増加というのは？」

「その前　小さい区間で増加」

「その区間に，その点ははいるのか」
「さあ！ それは……考えてみないと……」
「では具体例でいこう．これからかく図のうち，あなたの考えに合うのを選んでもらうよ」

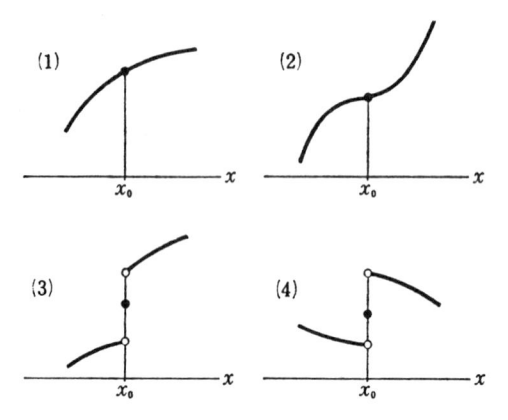

「さあ！ どれと，どれですか」
「(1)と(2)です．(3)と(4)はダメ」
「(3)も不合格！ x_0 の前でも，後でも増加ですよ」
「不連続だから，無理じゃない」
「無理ね．無理が通れば道理がひっこむ」
　ニヤニヤしてたS君が発言．
「(3)はいいでしょう．(4)は不合格，x_0 の前でも後でも減少だから」
「そうね」とYさんがうなづく．
「M君，異議ありじゃないのか」
「(3)も(4)も x_0 で微分不可能……どちらも僕の考えには合わない」
「ややこしいことになった．快刀乱麻を断つ．そんな理論を欲しくないか」

　　　　　　　　×　　　　　　　　　　×

このように"1点で増加の状態"は難解な概念である．数学としては，割り切って，定義を作らざるを得ない．とは，いっても，無用の長物を作ることは許されない．

1点では関数の値がきまるだけ，それ以上の内容を盛りようがない．1点での状態は，本当は，1点の近傍の状態のことで，その状態は，x_0 における関数の値と，x_0 の前後における関数の値との関係によってきまる．これを総括して，x_0 における局所的性質という．

極値も同じ性格のものであるから，増減の状態と一括して指導するのがよさそうである．いずれも，微分法以前に，代数的(？)に考えられる概念であるから

代数的定義➡微分係数による判定

の順に指導すべきだろう．そうでない限り，先の学生の既成の概念を統合するのは難しい．

増加・減少の状態と極値の定義

関数 $f(x)$ が x_0 の近傍で定義されているとする．正の数 h を十分小さくとったとき

つねに $f(x_0-h)<f(x_0)<f(x_0+h)$ が成り立つならば $f(x)$ は x_0 で**増加の状態**にある．

つねに $f(x_0-h)>f(x_0)>f(x_0+h)$ が成り立つならば $f(x)$ は x_0 で**減少の状態**にある．

つねに $f(x_0-h)<f(x_0)>f(x_0+h)$ が成り立つならば，$f(x)$ は x_0 で**極大**である．

つねに $f(x_0-h)>f(x_0)<f(x_0+h)$ が成り立つならば，$f(x)$ は x_0 で**極小**である．

増加・減少の状態を極値と対比させて指導することにすれば，ふつうの関数では x_0 とその近傍の関数の値との大小関係が，もれなく示される．しかも学生の負担も別々に学ぶときよりは軽減されよう．

増加の状態

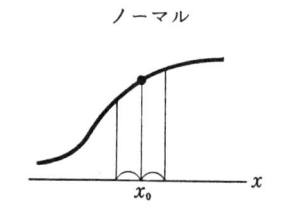

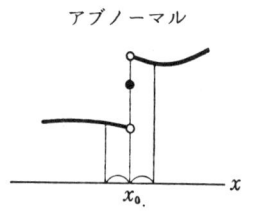

　　　ノーマル　　　　　　アブノーマル

減少の状態

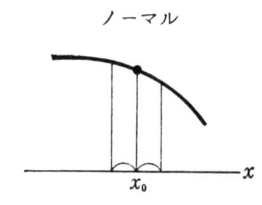

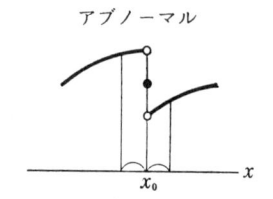

　　　ノーマル　　　　　　アブノーマル

極　大

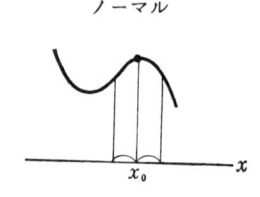

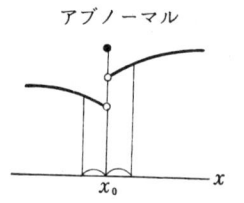

　　　ノーマル　　　　　　アブノーマル

極　小

　　　ノーマル　　　　　　アブノーマル

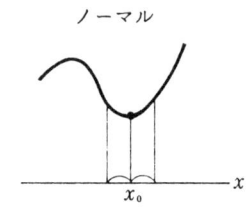

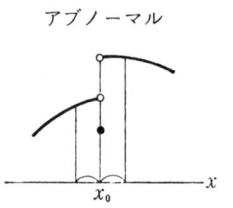

以上の定義の場合に，関数 $f(x)$ が x_0 の近傍で定義されているという条件を強調した本は以外に少ないようである．この強調がないと，区間の端は極値かどうかで迷う学生が現れる．

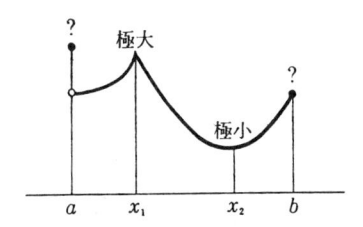

? 極大
? 極小
a x_1 x_2 b

"つねに $f(x_0-h)<f(x_0)>f(x_0+h)$ が成り立つとき x_0 で"極大"とあれば，論理的には十分といってみても，学生はそうは受け取らないようである．

たとえば x_0-h で定義されていないときは $f(x_0-h)$ は存在せず，したがって

$$f(x_0-h)<f(x_0)$$

を偽とみるのが2値論理の立場である．しかし学生の中には，$f(x_0-h)$ がないなら，この不等式は無意味として，真偽のカテゴリの外におく多値論理まがいの見方をする者がおるのである．このような見方をすると，先の文章は x_0-h で定義されない場合を含むことになり，区間の端で迷うのである．

×　　　　　　　　　×

先の定義の $>$, $<$ を $\geqq$, $\leqq$ で置きかえれば，すべて"広義"がついたものになる．高校では広義の場合に触れることが少ない．煩雑になるためであろうか．それなのに，広義の場合の現れる問題集を用いている．大学入試にも，同様の問題がある．

最大値，最小値を求める場合には，広義の極値を無視できない．"極大値と区間の端の値のうち最大のものを選ぶ"という場合の極大値には広義のものを含めてある．

1変数の関数では，特殊な関数でない限り広義の極値の現れることは少ない．し

かし多変数ではそうはいかない．1つの点に近づく方法は無限にあり，ある近づき方をすれば狭義の極大なのに，別の近づき方をすれば広義の極大になるといった極大がしばしば現れる．極小についても同様である．

狭義の場合の増加の状態，減少の状態，極大，極小は排反的(重複しない)概念である．しかし広義の場合はそうではない．点 x_0 の近傍で関数の値が一定の場合には，広義の極大・極小とも，増加の状態とも，減少の状態ともみられる．

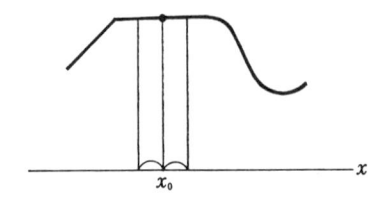

学生の中には，どういうわけか，このような概念の重複に出会うと心が落ちつかない，ときには気持が悪いというのがおる．甲か乙が2者択一でないのは学問的でないとでも思うのであろうか．この傾向は日本人には特に多いとの説もある．人間を革新か保守かに分けたがるのが，そのよい例かもしれない．実際には中間層が意外と多いのに，2者択一からもれた者は日和見として軽蔑され，ときには裏切者として抹殺されかねない．なんとも住みにくい世の中である．

概念形成の目標が分類にあるならば重複を避けるのが望ましい．しかし，重複のない概念が，数学を有機的に構成するのに都合がよいとは限らない．いや，かえって不都合な場合だってある．広義のつく概念では重複が起き分類には向かないが，理論の構成には向くことが多い．広義の極値は，その簡単な一例である．

× × ×

極値の残像―その1

理論よりも公式や定理の応用を重くみる傾向の強い高校，とくに予備校では，定理の証明は軽くみられがちである．これと逆の立場をとるのが大学一般の傾向であろう．

7. max, min の残像

　学生の証明軽視の習慣は，大学へ来ても，簡単には直らない．定理を正しく用いるためにも，定理の証明の理解は欠かせないことがある．証明全体を完全に知るよりは，証明を支えている条件は何か，つまり，その条件は証明過程のどこに，どのようにきくのかを知っておくことが大切である．これが，よく分っていないと，定理を支えている前提条件を無視して定理を応用しかねない．また，その条件をみたさない場合にとるべき道を誤る恐れもある．そんな具体例を拾ってみる．

……………例1……………

　次の関数の極値を求めよ．
$$f(x)=(21-x)(x-1)^{\frac{2}{3}}$$

$$f'(x)=-\frac{5(x-9)}{3(x-1)^{\frac{1}{3}}}$$

$f'(x)=0$ から $x=9$

$x=9$ を境として $f'(x)$ は正から負に変るから，このとき極大である．

　　　　　　　　答 $\begin{cases} x=9 \text{ で極大，極大値48} \\ \text{極小はない．} \end{cases}$

学生の中には，増減表を作りながら極小を見落す者がおる．

x	$\cdots$	1	$\cdots$	9	$\cdots$
$f'(x)$	$-$	/	$+$	0	$-$
$f(x)$	↘	0	↗	48	↘

この学生に，$x=1$ を極小としなかった理由を尋ねたら「$x=1$ は $f'(x)=0$ の根でない」との答．

　この盲点は「$f'(x)=0$ の根は極値の候補に過ぎず，必ずしも極値を与えない」といった注意を繰り返しても除かれない．その先につく前提「いたるところで $f(x)$ が微分可能ならば……」にかかわっているからである．この前提をみたせば，極値を与える x の値は $f'(x)=0$ の根に含まれる．しかし前提がみたされないときは

$f'(x)=0$ の根以外にも極値を与える x の値がある．定理における前提の重要さは，証明を知るのでないと実感としてつかめない．

$f(x)$ が点 x_0 で微分不可能でも，$f'(x)$ が x_0 を境として負から正にかわり，かつ $f(x)$ が x_0 で連続ならば，x_0 で極小になる．

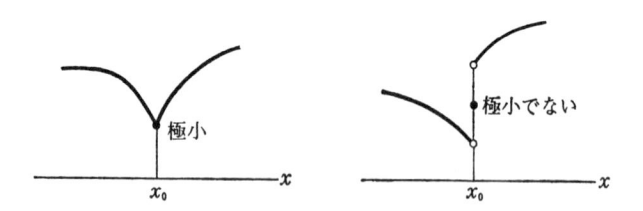

例1では，$x=1$ がこの場合に当り，極小で，極小値は $f(1)=0$ である．

このほかにも，極値をとる例がいろいろあるが，それに応ずる定理を用意したところで"過ぎたるは及ばざるが如し"となろう．それよりは，それぞれの場合に応じ，極値の定義に合うかどうかを検討するのが手取り早い．

極値の残像―その2

次のは，ちょっと信じがたいような話であるが，ある大学1年の微分法のテストの答案である．

.... 例2 ....

次の関数の極大，極小を求めよ．
$$f(x) = 4\sin x + \frac{1}{\sin x} \qquad 0<x<\pi$$

$\sin x = t$ とおいて

$$g(t) = 4t + \frac{1}{t} \qquad 0<t\leq 1$$

$$g'(t) = 4 - \frac{1}{t^2} = \frac{4}{t^2}\left(t+\frac{1}{2}\right)\left(t-\frac{1}{2}\right)$$

7. max, min の残像　**59**

$g'(t)=0$ から $t=\dfrac{1}{2}$，t が $\dfrac{1}{2}$ を越えるとき，$g'(t)$ は負から正にかわるから，$t=\dfrac{1}{2}$ で極小である．$\sin x=\dfrac{1}{2}$ から $x=\dfrac{\pi}{6}$, $\dfrac{5\pi}{6}$

答 $\begin{cases} x=\dfrac{\pi}{6},\ \dfrac{5\pi}{6}\ \text{のとき極小，極小値}\ 4 \\ \text{極大はない} \end{cases}$

×　　　　　　　　　　×

「答案の主は，何の疑念も持たないのかね」

「そらそうでしょう．疑念を持てば，こんな答案をかくはずがない」

「その原因をどうみる」

「最大・最小を求めることの混同ではないか．高校や大学入試には，置き換えに運命のかかっているような問題が沢山ある．とくに微積分以前の数 I に……．あれで鍛えられたら，こうなりますよ」

「そういえば，答案の主は，浪人上りだ」

「さて，この盲点……当人をどう納得させるか，と考えてみると案外むずかしい」

「"論より証拠"が最善の策か．もとの関数のままで変化を調べ，答案とくらべればビックリするだろうね．グラフならばなおさら……．極大が区間の端に化ける」

「それは，まだ痕跡があるからよいほうだ，完全に消滅する例もあるよ．たとえば

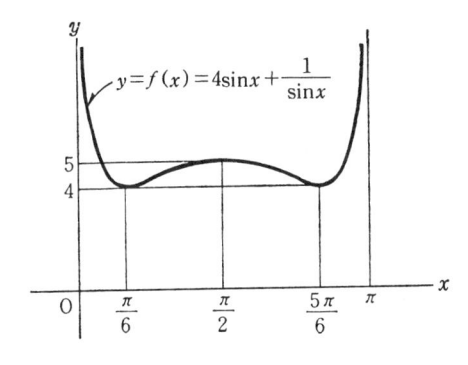

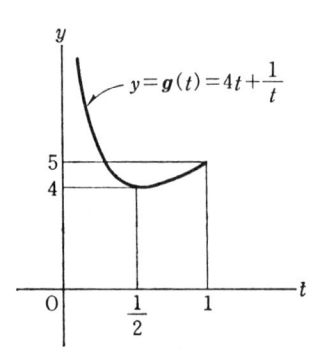

$$f(x)=x^4-8x^2-9$$

は $x=0$ で極大, $x=\pm 2$ で極小……ところが $x^2=t$ とおくと $g(t)=t^2-8t-9$ となって極大が消えうせる. ショック療法としては, 極端なほどよい」

8
数学果し合いの巻

S． ボクはいま，弱っているのだ．果し合いを申し込まれて ……．

T． ほう，それはただごとじゃない．キミが宮本武蔵で，相手の佐々木小次郎は何者です．若い身でいのちを断ったガロアの例もあるのでね．

S． 目ぼしい業績もなく，いのちながらえたボクとしては，「ここらで花々しく一戦を」と公言したいところだ……　数学の試合だから命にかかわる心配はない．

T． 野次馬根性のボクとして興味津々．

S． これには前置きがあるのだ．京大の入試に計算法則の問題が出たのをごぞんじか．

T． 交換律を一般化したものの証明でしょう．

S． そうだ．それに対してボクは「数学の本質をついており，たいへん結構なことだと思う」とかいた．それでよせばよいものを調子にのり，高校数学の現状を，チョッピリひにくった．これがその一部です．

「あなたは現場を知りませんね」

「ああ，そうですか」

「高校のベテラン先生に集まって頂き，入試問題の検討会でも開いてごらん．不適当な問題のカテゴリーにはいりますよ．絶対．／」

「ああ，そうですか．絶対 ……」

「無責任なことはいわないで頂きたい」
「ああ，そうですか．そんなら伺いましょう．小学校以来，交換法則や結合法則が出てきますね．とくに高校ではいたるところに，実数で，複素数で，集合で，最近は写像で ...... これ一体なんのために？」
「"いえと"は"ええと"のことでしょうか？」
「ああ，そうですか．では，もう一度伺わせて下さい．さきの問題は，交換法則や結合法則の応用ではないのですか」
「あなたはいじがわるい」
「ああ，そうですか．失礼しました」

T． いじわるばあさんですぞ，キミは ......．
S． じょうだんじゃない．その弟子の末席ですよ．ボクがいいたかったのは，数学不在，問題練習万能に傾斜している高校数学へのささやかなレジスタンス．それをチョッピリいじわるにいってみただけで ...... 他意はない．それに会話の対象は一部の先生なのだ．ところが運悪く，読者は浪人であった．
T． 果し合いなら浪人でないとね ......．その浪人何某がどうしたというのです．
S． 憤慨したという次第だ．それ，これが，その手紙．
T． スゴイ．これだけ書くにはひと晩かかったろうね．

S．一部分を紹介しよう．「…… そんな言い方をしてよいものですか．私も一高校生として数Ⅰから数Ⅲまで習いました．そして 恒等式，整式，…，三角関数，ベクトル，微積分などを学習しました．始めに公式の簡単な証明があり，その後，公式を暗記して問題を解くというどこにでもあるような授業でした．われわれは，これらの初等的な分野を，死んだものかも知れませんが，一つの思想，考え方として習ったわけです．ところで私は交換法則や結合法則を一つの思想として，問題意識をもって学習した覚えはありません．確かに今までによく出てきたようです．しかしながら，それはただそんな法則があるというぐらいなもので，系統的に習ったわけではなく

$$(a+b)^2 = a^2 + 2ab + b^2$$

などといった公式を導くための無意識の道具にすぎなかったのです．3年間の決められた学習時間内に多くのことを消化しなければならない現状では，いたしかたないことだと思います．でも受験生にしてみれば死にものぐるいで多くを吸収しているのです．それがいざ試験となると，そんなものを出せば選別ができないとかで，受験生がやっとの思いで吸収してきたことからはみ出す思想を含んだ問題を出して「受験生の盲点をついた問題だ」というのも殺生な話です．……」ここらでひと息入れよう．

T．見事な現状報告ですね．

S．ボクの予想どおりで．だからこそ，ボクは機会あるごとにゲバゲバを試みているのだが ……．

T．しかし，学生をせめるのは酷じゃない．受験に関する限り，学生は受身にならざるをえまい．

S．だからボクは，学生ではなく，高校数学の在り方を問題にしているのだ．特に授業の在り方を ……，第1に，入試に現れないところを無視する傾向が強い．入試に現れると，そこをあわてて補強する．この主体性のなさを改めるのでないとね．これを逆用すれば，指導してほしいことは入試に現れてほしい願望に結びつくわけで，京大の計算法則の問題はその一例 …… そこでボクとしては「数学の本質をついており結構なことだ」といいたくなる．

T． しかし，現状では，問題練習に傾くのも止むを得まい．キミは問題練習の否定論者らしいが．

S． それは誤解だ．問題練習が現状の入試対策として無用だとはいっていない．万能主義の傾向を批判しているのだよ．数学あっての演習でしょう．数学不在のテスト万能は頂けないといっているのだ．あせる気持はわかるが「急がば回れ」をかみしめてほしいのです．手当り次第に問題をやらせているうちに，なんとなく数学を分からせようとする**鍛練主義**は …… 以心伝心の変身 …… 禅問答の遺産じゃないのか．すべての問題には，その背景を支える数学があるでしょう．その数学を掘り出し，その理解に主眼をおくべきだといっているのです．

T． なるほど，「急がば回れ」の真意が，おぼろげながら分かって来た．しかし ……

S まだ異議があるのか．

T． 全面降伏とはいかないね．こじれた入試問題の出る現状では．…… 問題自身の数学不在をどうするのです．背景としての数学はいたって平凡なのに，手品的テクニックが運命を決するような問題を …….

S． 大学の反省をうながす …… これが第1の対策でしょう．

T． その策も，受身の受験生に対しては，シャカに説法 …… いや馬に説法で ……「殺生な」とくるじゃない．

S． ボクなら無視するね …… 生き方の問題だが ……

T． それでは目ざす大学にはいれない．

S． 失敗したっていいじゃないか．大学は浜の真砂ほどあるのだから ……

T． しかし，庶民は学歴偏重の情況に弱い．キミの愛する庶民がですよ．

S． 現体制を受け入れようとするものは，それだけの代価を払うのが当然じゃないか．こじれた問題は，一括して対策を立てるべきですよ．批判しながら受け入れるといった二面作戦は自滅じゃないか．そんなあまったれた生き方こそ問題ですよ．

T． どうやら生き方の問題になった．生き方なら人生論だ．

S 他人の生き方まで，とやかくいうのはよそうじゃないか．

8. 数学果し合いの巻 **65**

T．ところで，数学の果し合いは ……．高校数学の現状批判とは無縁と思うが．

S　いや，それが浪人某氏から見ると関係があるらしい．どんなに数学をやったところで，難問のタネは尽きない．入試がある限り．そこで，わしの作ったこの問題を解いてみよという論法ですよ．そこを読んでみる．

「ここで，不備な点があると思いますが，私の作った問題を書きます．私は，これを思いつくのに数ⅡB，Ⅲの粗悪な教科書以外は用いていません．

次の方程式の表わす曲面のかこむ立体の体積を求めて下さい．（ただし x, y, z は実数，$z \geq 0$）

$$(x^2+z^2)(x^2+z^2+y^2-8z)+15z^2=0$$

かりにも，大学の先生に，高校を卒業したての私が出題するというのは気がひけますが，あえて，お尋ねします．この数ⅡB，Ⅲの範囲から作った問題が解けますか．」

これが果し状のくだりです．

T．奇妙な方程式ですね．苦心の作は ……．4次曲面とはおそれいった．

S．果し合いの身代りを頼むよ．

T．やってみよう．自信はないが．とにかく曲線の概形をつかまないことには ……．はじめに次数をみるか．x, y についてともに偶数次だから，yz 平面，xz 平面についてそれぞれ対称だ．$z<0$ とすると成立しないから，xy 平面の上方にある．

S．おや問題のただしがき $z \geq 0$ は不要ですね．

T．次に，なにをみよう．概形を知るには座標平面との交わりも役に立つだろう．

$x=0$ とすると $z^2(z^2+y^2-8z+15)=0$
$z=0$ または $y^2+(z-4)^2=1$

y 軸と1つの円だ．

$y=0$ とおくと

$$(x^2+z^2)^2-8z(x^2+z^2)+15z^2=0$$

因数分解できるとは有難い．

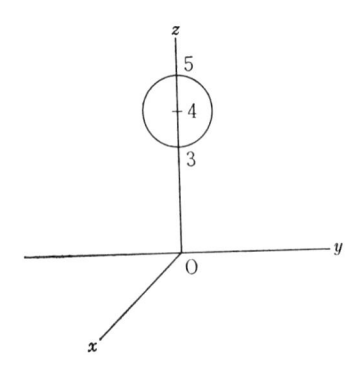

$$x^2+z^2-3z=0 \quad \text{or} \quad x^2+z^2-5z=0$$

2つの円が現れた．

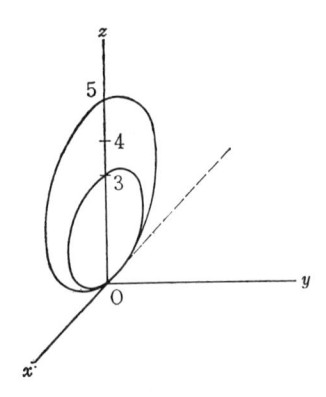

$z=0$ とすると $x^2(x^2+y^2)=0$ から

$$x=0$$

y 軸だけである．

まだ，はっきりしない．座標平面に平行に切るのは見込みなさそう……

S. 体積を求める公式といえば，直角座標のか，円柱座標のか，極座標のかでしょう．直角座標は見込みないとすると円柱座標か．

T. なるほど．式の特徴からみて，y 軸を軸とする円柱座標がよさそうだ．$x = r\cos\theta$, $z = r\sin\theta$ を代入してみよう．

$$r^2(r^2 + y^2 - 8r\sin\theta) + 15r^2\sin^2\theta = 0$$

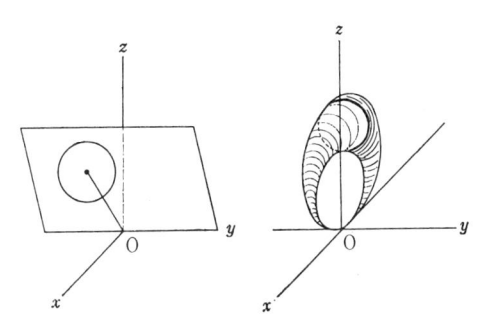

$r = 0$ は無視してよいから

$$y^2 + r^2 - 8r\sin\theta + 15\sin^2\theta = 0$$
$$y^2 + (r - 4\sin\theta)^2 = \sin^2\theta$$

これで万事わかったよ．y 軸を含む平面で切った切口は円だ．その円は，θ がかわると，中心も半径もかわる．

S. この曲面は，できそこないのドーナッツみたいだ．

T. これは傑作，正月のしめなわそっくり．円柱座標の場合の体積の公式は $y = f(r, \theta)$ とすると

$$V = \iint_D f(r, \theta) r \cdot dr\, d\theta$$

であった．対称性を考慮しよう．$x, y, z \geq 0$ の部分を4倍すればよいから

$$V = 4\int_0^{\frac{\pi}{2}} \int_{3\sin\theta}^{5\sin\theta} yr\, dr\, d\theta$$

内部から小わけに攻めるとしよう.

$$S(\theta)=\int_{3\sin\theta}^{5\sin\theta} yr\,dr$$

$y=\sqrt{\sin^2\theta-(r-4\sin\theta)^2}$ だから, 置きかえを試みればよいだろう.

$$r-4\sin\theta=\sin\theta\cos t \qquad (0\leqq t\leqq\pi)$$

とおくと, $y=\sin\theta\sin t$, $r=\sin\theta(4+\cos t)$,
$dr=-\sin\theta\sin t\,dt$, さらに $r=3\sin\theta$ のとき
$t=\pi$, $r=5\sin\theta$ のとき $t=0$ だから

$$S(\theta)=\sin^3\theta\int_0^\pi \sin^2 t(4+\cos t)dt$$

これなら, 楽に計算できる.

$$S(\theta)=\sin^3\theta\left[2t-\sin 2t+\frac{\sin^3 t}{3}\right]_0^\pi$$
$$=2\pi\sin^3\theta$$

そこで

$$V=8\pi\int_0^{\frac{\pi}{2}}\sin^3\theta\,d\theta$$

3倍角の公式を用いて次数を下げる.

$$V=2\pi\int_0^{\frac{\pi}{2}}(3\sin\theta-\sin 3\theta)d\theta$$
$$=2\pi\left[-3\cos\theta+\frac{1}{3}\cos 3\theta\right]_0^{\frac{\pi}{2}}=\frac{16}{3}\pi$$

やれやれ, 相当なシロモノですね.

S. 恥をかかずに済んだのは, 何よりも幸い.

T. 高校生ならどうするだろう. 数ⅡBと数Ⅲの範囲で …… チョット無理じゃないか.

S. かくしておいて済まなかった. この果し合い, 実は解答つきなのだ.

T. ほう …… 浪人某氏もあじなことをやる, どんなアイデアか.

8. 数学果し合いの巻 69

S. V の増加量 dV を求める. y 軸を含む平面で切った切口は

$$y^2+(r-4\sin\theta)^2=\sin^2\theta$$

であった. これは円であることに目をつけた. この面積は $\pi\sin^2\theta$ だ. θ が $d\theta$ だけ増加したとすると, dV は高さが $rd\theta$ の円板の体積とみられるでしょう. そこで

$$dV=\pi\sin^2\theta \cdot rd\theta$$

$r=4\sin\theta$ だから

$$dV=4\pi\sin^3\theta\,d\theta$$

どうだ. うまいじゃないか.

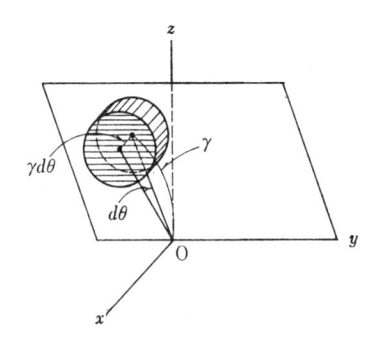

T. してやられた感じですね.

S. あとは, キミの解き方と同じで. $\theta=0$ から $\theta=\pi$ まで積分すればよい.

$$\int_0^\pi 4\pi\sin^3\theta\,d\theta=\frac{16}{3}\pi$$

T. 高校生も, 積分をそこまで, こなせればたいしたものですね. dV を円板の体積とみたのはさすがだ. 着想の発端はなにか.

S. 手紙によると, ドーナッツの体積です. 中心 C, 半径 a の円を直線 g のまわりに回転するとドーナッツができる. この体積は C と g との距離を l とすると $2\pi^2la^2$ です.

T それは高校でも取扱うことがあるよ．回転体の体積だから．

S． これに目をつけたのだ．$2\pi^2 la^2$ は

$$\pi a^2 \times 2\pi l$$

とかきかえると，円の体積と中心Cのえがく円周との積になる．

T． そうか．そのドーナッツをうすく切ったところを円板とみたのか．グットアイデアだ．しかし，一般化が無理なのは残念．

S． いや，多少は一般化できる．ドーナッツの体積の公式は，パップスの定理の特殊な場合だからね．

T． パップスの定理？ きいたような名だ．

S． 回転させる平面図形を一般の図形へ拡張したのがパップスの定理です．「平面図形Fの面積を S，Fの重心をG，Gと直線 g との距離を l とすると，Fを g のまわりに回転したときにできる立体の体積は

$$V = S \times 2\pi l$$

である」$2\pi l$ は重心Gが g を中心に回転したときにえがく円の周です．

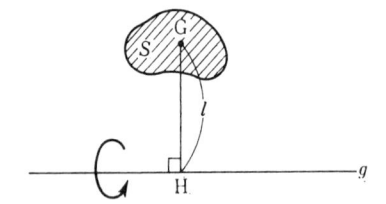

T． 思い出したよ．昔習ったことがある．

S． これを使うと，回転角 θ の変化にともなって S, l が変わるときの体積も求められる．浪人氏のアイデアをかりると

$$dV = Sld\theta$$

S, l は θ の関数だから $S(\theta), l(\theta)$ で表わすと

$$dV = S(\theta)l(\theta)d\theta$$

そこで
$$V = \int_0^{2\pi} S(\theta) l(\theta) d\theta$$

厳密に考えると dV を $Sld\theta$ とみることには疑問の余地があるが，この程度の冒険は許されよう．これ以上の一般化は無理としても浪人氏のアイデアの価値は失われないですね．

T．高校では，量 V を求めるのに dV を求め，これを積分することは，ほとんどやらない．積分の概念の基本で，応用も広いのだが．

S．それが，高校の積分法指導の盲点じゃないのかね．

T．ところで，浪人氏が，先の体積を求める問題を計算法則の一般化と対比させたことについて，キミはどう思う．

S．焦点が少しずれている感じだ．計算法則は高校で絶えず使う．使うからには，それを明確にさせるのが当然だというのがボクの意見．それに，写像の合成のように交換法則の成り立たないものも高校の数学に取り入れられた現状では，計算法則に対する理解は一層重要です．ところが積分法をこのような立体の体積を求めるのに利用することは，高校ではほとんどない．

T．その評価を学生に望むのは無理と思うが．

S．キミのいう通りだ．ボクは相手をみずに法をといてしまった．

T．現状でも学生の創造性がそこなわれずに残っているとは頼もしい．

S．積分の利用を，あそこまで成長させた教師も尊敬に価するではないか．

T．ぼやぼやしてはおれないよ．われわれも学生の可能性に答えなければ ……．

⑨ コーシー不等式の拡張の秘密

「積分にもシュワルツの不等式がありますね」

「それは，$a \leqq b$ のとき

$$\int_a^b f(x)^2 dx \int_a^b g(x)^2 dx \geqq \left(\int_a^b f(x)g(x)dx\right)^2$$

のことでしょう」

「そう．これ，代数の場合の不等式

$$(a_1{}^2 + a_2{}^2)(b_1{}^2 + b_2{}^2) \geqq (a_1 b_1 + a_2 b_2)^2$$

とどんな関係があるのですか．ちっとも似ていないのに……呼び名は同じですが」

「似ていないようで似ている．定積分がつく点は似ていないが……平方のつき方はなんとなく似ている．そこが秘密を解くカギですね」

「積分の場合の不等式は，代数の場合の不等式の拡張ですか」

「もちろん」

「そこが，どうもわからない」

「代数の場合の不等式で，数の個数を増してごらん．糸口がつかめますよ」

「そんな簡単なことですか．信じがたいですね．n 組の数へ拡張すれば

$$(a_1{}^2 + a_2{}^2 + \cdots + a_n{}^2)(b_1{}^2 + b_2{}^2 + \cdots + b_n{}^2)$$
$$\geqq (a_1 b_1 + a_2 b_2 + \cdots + a_n b_n)^2$$

定積分と結びつかないが」

「式が長いからシグマを用いよう.

$$\left(\sum_{i=1}^{n} a_i{}^2\right)\left(\sum_{i=1}^{n} b_i{}^2\right) \geq \left(\sum_{i=1}^{n} a_i b_i\right)^2$$

ここで極限をとってみる」

「n を限りなく大きくするのですか」

「そう」

「極限値があるかどうか分らないが ……」

「かりにあったとすると,

$$\left(\sum_{i=1}^{\infty} a_i{}^2\right)\left(\sum_{i=1}^{\infty} b_i{}^2\right) \geq \left(\sum_{i=1}^{\infty} a_i b_i\right)^2$$

が成り立つ」

「もし発散したら」

「$n \to \infty$ のとき 0 に収束するものを両辺につけて …… 収束するようにくふうするのです.それが定積分へ通ずる道ですよ」

「分った.Δx をつけるのでしょう」

「そう.2つの関数 $f(x), g(x)$ に対して

$$(f(x))^2, \quad (g(x))^2, \quad f(x)g(x)$$

の a から $b (a \leq b)$ までの定積分を考える.区間 $[a, b]$ を n 等分する点を $x_1, x_2, \cdots, x_{n-1}$ とする.$a = x_0, b = x_n$ を追加しよう.それから $\dfrac{b-a}{n} = \Delta x$ とおく」

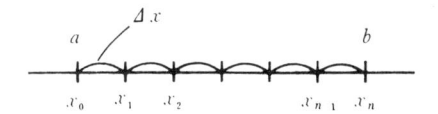

「コーシーの不等式として

$$\sum_{i=1}^{n} (f(x_i))^2 \sum_{i=1}^{n} (g(x_i))^2 \geq \left(\sum_{i=1}^{n} f(x_i) g(x_i)\right)^2$$

を考え，この両辺に $(\Delta x)^2$ をかけ

$$\sum_{i=1}^{n}(f(x_i))^2\Delta x \cdot \sum_{i=1}^{n}(g(x_i))^2\Delta x \geqq (\sum_{i=1}^{n}f(x_i)g(x_i)\Delta x)^2$$

とかきかえるのですね」

「そう．そこで $n\to\infty$ のときの極限を考えると

$$\int_a^b(f(x))^2dx\int_a^b(g(x))^2dx \geqq \left(\int_a^b f(x)g(x)dx\right)^2$$

どうです．目的の不等式になった．もちろん積分可能な場合を考えてのこと」

「あっけないですね．もっとむずかしいのかと思っていたよ」

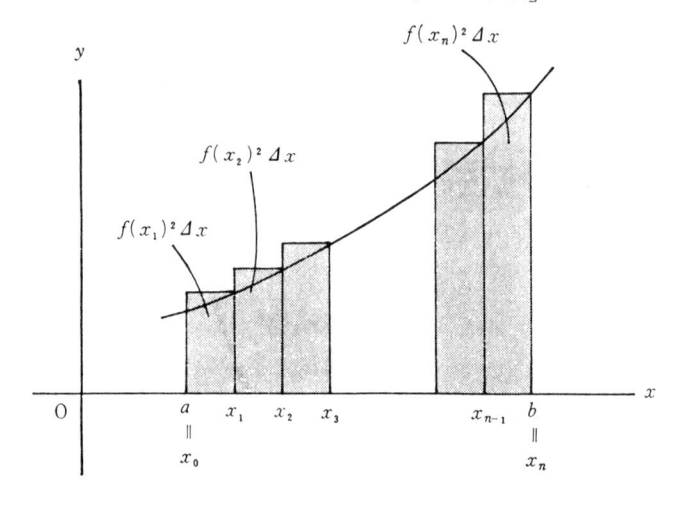

「いや，これは序の口 …… もっとエレガントな解明もある」

「ひと山越えて，また次の山 ……」

「いや，楽しいハイキングコースだ．キミの得意なベクトルです．不等式

$$(a_1{}^2+a_2{}^2)(b_1{}^2+b_2{}^2)\geqq(a_1b_1+a_2b_2)^2$$

9. コーシー不等式の拡張の秘密

は，$(a_1, a_2)=\boldsymbol{a}$, $(b_1, b_2)=\boldsymbol{b}$ とおいて，内積を $a_1b_1+a_2b_2=(\boldsymbol{a}, \boldsymbol{b})$, ベクトル $\boldsymbol{a}$ の大きさを $|\boldsymbol{a}|=\sqrt{(\boldsymbol{a}, \boldsymbol{a})}$ によって表わせば

$$|\boldsymbol{a}|^2 \cdot |\boldsymbol{b}|^2 \geqq (\boldsymbol{a}, \boldsymbol{b})^2$$

となるでしょう．この表わし方に，秘密を解くカギがかくされているのだ」

「そういわれても，さっぱり見当がつかないよ」

「どんなベクトル空間であっても，内積が定義されておる限り，この不等式は成り立つ」

「そこが自信ない」

「その証明は …… 高校のテキストにあるものと全く同じ ……」

「$f(t)=(\boldsymbol{a}t+\boldsymbol{b}, \boldsymbol{a}t+\boldsymbol{b})\geqq 0$ を応用する方法？」

「そう．それを復習してごらんよ」

「つらいね．展開して

$$f(t)=(\boldsymbol{a}, \boldsymbol{a})t^2+2(\boldsymbol{a}, \boldsymbol{b})t+(\boldsymbol{b}, \boldsymbol{b})\geqq 0$$

これは任意の実数 t について成り立つから

$$(\boldsymbol{a}, \boldsymbol{b})^2-(\boldsymbol{a}, \boldsymbol{a})(\boldsymbol{b}, \boldsymbol{b})\leqq 0$$
$$|\boldsymbol{a}|^2 \cdot |\boldsymbol{b}|^2 \geqq (\boldsymbol{a}, \boldsymbol{b})^2$$

こうですね」

「その証明には，ベクトルの公理と内積の公理があれば十分 …… だから，ベクトル空間に内積があれば，コーシーの不等式は必ず成り立つ．そこで ……」

「そこで，なにを考えるのですか」

「関数の作るベクトル空間です」

「そんな例 …… どこかで見たような気がする」

「よく見かけるものです．区間 $[a, b]$ で連続なすべての実関数の集合を考え，それを V と呼ぶことにする」

「それ，ベクトル空間になるのですか」

「なるように，和と実数倍を定義すればよい．それは簡単だ．$f(x)+g(x)$ を $(f+g)(x)$,

$k(f(x))$ を $(kf)(x)$ と表わすことにすれば関数 f, g の和 $f+g$ と，関数 f の実数倍 kf とが定義される」

「なるほど」

「しかも，この和と実数倍に対しては，ベクトルの公理がすべて成り立つ．だから V はベクトル空間です」

「内積はどう定義するのですか」

「それが要点ですね．f, g が連続ならば fg も連続で，積分可能 …… そこで定積分

$$\int_a^b f(x)g(x)dx$$

を f, g の内積と定義し …… これを (f, g) で表わすのですよ」

「そんなの，内積の資格があるのですか」

「あるかないかは，内積の公理をみたすかどうかで見分ければよい．内積の公理は次の4つで十分．

(i) $(f, g) = (g, f)$

(ii) $(f, g+h) = (f, g) + (f, h)$

(iii) $(kf, g) = (f, kg) = k(f, g)$

(iv) $(f, f) \geq 0$

どれも，定積分の性質から導かれる．(i), (iii) は自明に近い．(ii) の証明は

$$\int_a^b f(x)\{g(x)+h(x)\}dx$$
$$= \int_a^b \{f(x)g(x)+f(x)h(x)\}dx$$
$$= \int_a^b f(x)g(x)dx + \int_a^b f(x)h(x)dx$$
$$= (f, g) + (f, h)$$

(iv)は $(f(x))^2 \geq 0$ から

$$(f, f) = \int_a^b \{f(x)\}^2 dx \geq 0$$

やさしいでしょう」

「高校の定積分の知識で十分とは意外．公理の(iv)はないとダメですか」
「ベクトルの大きさを定義するのに必要です．fの大きさを $|f|=\sqrt{(f,f)}$ によって定めるには $(f,f)\geqq 0$ でないと困る．これで必要なものがすべて備った．つまり，V はベクトル空間で，その上内積が定義されているから

$$|f|^2 \cdot |g|^2 \geqq (f,g)^2$$

が成り立つ」
「なるほど，それを定積分で表わすと，目的の不等式になる．エレガントですね．この導き方は」
「公理の役割の身にしみるサンプルと思いませんか」
「全く，その通り．そこがエレガントの根源のようですね」
「これがわからないようでは，数学の方法のおもしろさもわからない」

10
意地悪問答 -概念の拡張-

「学生は公式を導くことや定理の証明に関心がないみたい．問題は熱心に解くのに」
「あなたが，そう仕込んだのじゃない．数学をなんのために学ぶか．試験で点をとるためと ……」
「いやですわ．そんなこと ……. でも，いまの入試問題なら，公式と定理の応用に力を向けるのが有利よ」
「問題はそこだ．公式を導くことや定理の証明は○×式には向かない．そこで応用になりやすい．入試問題をもっとくふうしてほしいですね．異常な進学ブームの抜本的解決にはほど遠いが ……」
「この頃の学生は近道をねらうのよ．じっくりと力をつけるなんてダメ」
「世相でしょう．インスタントなものが多いですからね」
「それだけかしら」
「応用は楽だが，公式を導くのは楽でない．定理の証明はなおさら ……. それで先生自身も避けるのじゃない．いや，受験体制に引きずられ，数学とは…問題を解くことなりと思ってしまう．習い性となりですね」
「私は違うわよ」
「信じられませんね．テキスト不在の授業がはやっていますよ．公式や定理の証明の重要さを自覚していないようです．当然指導法のくふうがなおざりになる」

10. 意地悪問答-概念の拡張- **79**

「そうかしら ……」
「そうですよ.信じられないというなら,たとえば,2次方程式の根の公式を導いてごらんよ」
「ひどいわ.そんな馬鹿らしいの」
「まあ,そうおこらずに,やってごらん. $ax^2+bx+c=0$ の根の公式を ……」
「いじわるね.やりますわよ.

$$x^2+\frac{b}{a}x+\frac{c}{a}=0$$

$$x^2+\frac{b}{a}x=-\frac{c}{a}$$

$$x^2+2\frac{b}{2a}x+\left(\frac{b}{2a}\right)^2=\left(\frac{b}{2a}\right)^2-\frac{c}{a}$$

$$\left(x+\frac{b}{2a}\right)^2=\frac{b^2-4ac}{4a^2}$$

$$x+\frac{b}{2a}=\pm\sqrt{\frac{b^2-4ac}{4a^2}}$$

$$x+\frac{b}{2a}=\pm\frac{\sqrt{b^2-4ac}}{2a}$$

$$x=\frac{-b\pm\sqrt{b^2-4ac}}{2a}$$

どう,これで …… けちをつけたいような顔ね」
「ハハア,用心深い ……. 根号を分けたが,それ,学生はできるのですか」
「根号を分けた?」
「そう. $\sqrt{\frac{b^2-4ac}{4a^2}}$ を $\frac{\sqrt{b^2-4ac}}{\sqrt{4a^2}}$ と書きかえたでしょう.それどうなんです.」
「そんなの,中学で済んでますわ」
「そうはいかんでしょう.高校では虚根も取扱う. b^2-4ac が負のこともありますよ」
「いやだ.意地悪ね」
「じょうだんでしょう.当然なことをいったまで ……」
「じゃ,それを補います」

「手遅れですよ．それに，そんなの補うのは大変だ．公式
$$\sqrt{\frac{A}{B}} = \frac{\sqrt{A}}{\sqrt{B}}$$
が成り立つかどうかを，すべて吟味するなんて……」

「でも，しょうがないでしょう」

「だから，指導法のくふうを忘れているといったでしょうが」

「くやしいけど，負けましたわ．名案を教えて下さいよ」

「ちょっとしたくふう．平方根の代りに平方を…… $\frac{\sqrt{b^2-4ac}}{2a}$ の平方は $\frac{b^2-4ac}{4a^2}$ になることをいったらどう」

「$\left(\frac{\sqrt{b^2-4ac}}{2a}\right)^2 = \frac{(\sqrt{b^2-4ac})^2}{(2a)^2} = \frac{b^2-4ac}{4a^2}$ とするのですが」

「そう．それがわかれば
$$\left(x+\frac{b}{2a}\right)^2 = \frac{b^2-4ac}{4a^2}$$
から $\left(x+\frac{b}{2a}\right)^2 = \left(\frac{\sqrt{b^2-4ac}}{2a}\right)^2$ がストレートに出る」

「でも，予備知識として
$$X^2 = A^2 \rightarrow X = \pm A$$
は必要ね」

「それは止むを得ない．いや，これなら中学で済んでるはず」

「復習は必要よ．因数分解で
$$X^2 - A^2 = 0, \ (X-A)(X+A) = 0$$
$$X - A = 0 \ \text{または} \ X + A = 0$$
$$X = A \ \text{または} \ X = -A$$
$$X = \pm A \ \text{」}$$

「そういう芸のこまいことは，あなたの領分です」

「もっとうまい方法……ありませんか」

10. 意地悪問答-概念の拡張-

「a で割るかわりに，$4a$ をかける人もいますよ」

「$4a$ をかける？　こうですか．

$$4a^2x^2+4abx+4ac=0$$

移項してから両辺に b^2 を加え

$$(2ax+b)^2=b^2-4ac$$
$$2ax+b=\pm\sqrt{b^2-4ac}$$
$$x=\frac{-b\pm\sqrt{b^2-4ac}}{2a}$$

こんなの，はじめてよ」

「$4a$ をかけるのは少々技巧的でも，分数式の少ないものが救いですよ」

「ためして見ます．来年……」

「念のため予備知識を整理してごらんよ．$X^2=A^2 \rightarrow X=\pm A$ のほかに，どんなものが……」

「正の数と 0 の平方根は中学．高校では負の数の平方根……$\sqrt{-a}=\sqrt{a}\,i$」

「条件脱落」

「あら，これでいけませんの」

「分っていませんね．ほしいのは負数の平方根ですぞ」

「$a>0$？」

「そう」

「a を無条件にしておけば……a が正のときを含むじゃないの」

「だから，分っていないというのです．その式で $a=2$ としてごらん」

「はい $\sqrt{-2}=\sqrt{2}\,i$」

「次に $a=-2$ としてごらん」

「$\sqrt{2}=\sqrt{-2}\,i$，問題ありませんわ」

「いやいや．第 2 式に第 1 式を代入してみなさい」

「$\sqrt{2}=\sqrt{2}\,i^2$，$\sqrt{2}=-\sqrt{2}$，あら，へんね」

「それごらん」

「どうしてかしら」

「既知と未知を一緒くたにするからですよ．正の数の平方根は既知，負の平方根は未知，これを分離しないで定義を作れば，既知のものに矛盾することがある．いまのは，そのサンプルですよ」

「aを任意の実数としたから ……」

「そう．aが負のときは $\sqrt{-a}$ は正の数の平方根で既知…… それを新しく $\sqrt{a}\,i$ で定義したつもりらしいが，$\sqrt{a}$ は負の数の平方根で未知…既知を未知で定義するとは，これいかにとなった」

「手きびしいのね．わたしは迷える羊子なのに ……」

「未知のものを既知のもので示すのが定義ですよ．正の数の平方根を実数の平方根へ一気に拡張しようとした意図は分るが …… そのような方式がつねに成功するわけではない．一般に，概念の拡張には2つの方式がありますね．もとの概念をAとしよう．第1の方式は，Aと異なるBを考え，AとBを合わせて A' とするもので，日常的です．第2の方式はAとは別に A' を考え，A'はAを含むようにするもので，数学では重要なものです」

「わたしが失敗したのは第2方式？」

「そう．正の数と0の平方根は分っているのだから，負の数 $-a\ (a>0)$ を

$$\sqrt{-a}=\sqrt{a}\,i$$

によって補い，実数の平方根を完成すればよい．これは第1方式です」

「第2方式がうまくいくのがありますの．高校に」

「聞くまでもないでしょう．絶対値を実数から複素数へ拡張する場合」

「複素数 $a+bi$ の絶対値を $\sqrt{a^2+b^2}$ と定めることですか」

「そう．$|a+bi|=\sqrt{a^2+b^2}$ で $b=0$ としてごらん」

「$|a|=\sqrt{a^2}$ …… これ，実数の絶対値かしら」

「ズバリ定義ではないが，a の符号で分ければ ……」

「ああ，そうね．$a\geqq 0$ のとき $|a|=a,\ a<0$ のとき $|a|=-a$」

「どうやら予言が適中したようだ．あなたも数学ヌキで，問題解法に夢中であることが ……」

「認めざるを得ませんわ」

「もっと，いじめてみたいが，そうすなおに出られては ……」

「慣れてますわ．先生の意地悪には ……」

「頼もしい．次回は行列 …… 逆行列があるための条件 …… でやりますか」

「それなら自信がありますわ」

「期待してますよ」

11
整数と整式とはどう似ているのか

　高校の数学でも，整式と整数とは似た構造をもっていることを指導することになった．そのために，テキストには，その考慮のあとがうかがわれ，その指導は
「整式は整数と同じように計算できる」
「整式の計算は整数の計算に似ている」
といったまとめで終っている．しかし，この程度の解説では，「同じように……」，「……似ている」の意味がフィーリング的理解にとどまり，数学的にはっきりつかむことができそうにない．まして類似点の定式化は望めないだろう．そこで
「整式が整数と似ているとは，どういうことか」
「整式は整数とどれだけ似ているのか」
といった質問を度々受けることになる．

　2つの代数系がどれだけ似ているかは，どのような概念を共有し，それらに関する法則をどれだけ共有するかによって示される．

　結論を先にいえば，整数と整式が似ているとは，数学的には，ともにユークリッド整域をなすと総括できる．とはいっても，整域とは何か，さらにユークリッド整域とはどんな整域かの問に答えなければ，内容はともなわない．

　　　　　　　　　　×　　　　　　　　　　　　×

　解説があいまいになるのを避けるため，整式の係数としては実数をとることにして

11. 整数と整式とはどう似ているか

おこう．慣用に従い，整数全体は Z，実数全体は R，さらに実係数の整式全体は変数（**不定元**ともいう）を x として $R(x)$ で表わすことにする．

Z と $R(x)$ の似ている点を計算でみたとき，ともに加法，減法，乗法ができることと答えることならば高校生にでもできよう．

この類似点は，代数の用語で総括すれば，ともに**可換環**をなすことである．すなわち

(1) 加法について閉じている．

(2) 加法に関する結合律と可換律をみたす．

$$(a+b)+c = a+(b+c)$$
$$a+b = b+a$$

(3) 減法について閉じている．

(4) 乗法について閉じている．

(5) 乗法に関する結合律と可換律をみたす．

$$(ab)c = a(bc)$$
$$ab = ba$$

(6) 乗法の加法に関する分配律をみたす．

$$a(b+c) = ab+ac$$

ただし減法は加法の逆算であるから条件(3)の代りに，加法に関する単位元（零または零元という）の存在とすべての元に逆元のあることを挙げてもよい．すなわち

(3′) 1つの元 x があって，その x は，すべての元 a について $a+x = x+a = a$ をみたす．この x を**零元**といい 0 で表わす．

(3″) すべての元 a に対し $a+y = y+a = 0$ をみたす元 y が1つずつある．この y を a の**逆元**といい $-a$ で表わす．

この2つがあれば，減法 $a-b$ は $a+(-b)$ によって定義される．

×   ×

このほかの類似点として，高校のテキストにはないが，簡単に理解できるものに，

次の2つの性質がある．

(7) 乗法に関する単位元をもつ．
(8) 0以外の零因子がない．

環は乗法に関する単位元をもつとは限らない．$\mathbf{Z}$ と $\mathbf{R}(x)$ はともに1を含み，これが乗法に関する単位元である．

次に a が0と異なるとき $ab=ba=0$ をみたす元 b を a の**零因子**という．0はすべての元の零因子であるから，零因子として興味あるのは0以外のものである．

0以外の零因子がないことは，整数の場合は自明とみてよいと思うが，整式の場合は解説が必要であろう．

2つの整式を

$$A = a_0 + a_1 x + \cdots\cdots + a_n x^n$$
$$B = b_0 + b_1 x + \cdots\cdots + b_m x^m$$

とおくと

$$AB = a_0 b_0 + (a_0 b_1 + a_1 b_0)x + \cdots\cdots + a_n b_m x^{n+m}$$

そこで，いま $A \neq 0, AB=0$ とすると，

$$a_n \neq 0, \quad a_n b_m = 0$$

ところが a_n は0と異なる実数だから逆数 $\dfrac{1}{a_n}$ をもつ．これを $a_n b_m = 0$ の両辺にかけると

$$b_m = 0$$

したがって $B=0$ となり，A の零因子は0に限ることがわかる．

可換環がさらに条件(7),(8)をみたすとき**整域**という．$\mathbf{Z}$ と $\mathbf{R}(x)$ はともに整域であることを知った．

×　　　　　　　　　　　×

現在のテキストから，それとなく気付く類似点に整除がある．$\mathbf{Z}$ と $\mathbf{R}(x)$ は除法については閉じていないが，その代りに整除が可能である．しかし，テキストのままで

11. 整数と整式とはどう似ているか

は，統一を欠く．書き並べた上で比べてみよう．

整数のとき 任意の整数 a, b ($b \neq 0$) に対して，次の条件をみたす整数 q, r が1組だけ定まる．

$$\begin{cases} a = bq + r & \text{①} \\ 0 \leq r < |b| & \text{②} \end{cases}$$

整式のとき 任意の整式 A, B ($B \neq 0$) に対して，次の条件をみたす整式 Q, R が1組だけ定まる．

$$\begin{cases} A = BQ + R & \text{①}' \\ R \text{の次数} < B \text{の次数} & \text{②}' \end{cases}$$

①と①′はピッタリ合うが，②と②′は似ている点よりは似ていない点が目立つ．②を②′に近づけるには

$$|r| < |b|$$

に改めればよい．しかし，こうすると q, r が2組定まることが起きる．たとえば $a = 17, b = 5$ とすると

$$17 = 5 \times 3 + 2, \quad 17 = 5 \times 4 + (-3)$$

$q = 3, r = 2$；$q = 4, r = -3$ はともに $|r| < |b|$ をみたす．

そこで，整数のときも，整式のときも"1組だけ定まる"を"少なくとも1組定まる"に訂正すれば，両者の形式は統一される．そして，このとき

  ② は $|r| < |b|$
  ②′ は R の次数 $< Q$ の次数

これらの2式をみていると，整数の絶対値には整式の次数が対応するのではないかとの予想が浮かぶだろう．この予想の半分は正しく，半分は正しくない．我々が目標としているのは予想の正しいほうであるが，正しくない場合も含めて検討し，視野を拡めることにしよう．

整数の絶対値

(i) $|a|$ は整数　　(ii) $|ab|=|a|\cdot|b|$

(iii) $|a+b|\leq|a|+|b|$

整式の次数

整式 $A=a_0+a_1x+\cdots\cdots+a_nx^n$ は $a_n\neq 0$ ならば，次数は n と定める．したがって A が実数 a_0 に等しいときは $a_0\neq 0$ ならば次数は 0 で，$a_0=0$ のときは定義されない．これでは不便なので 0 の次数は $-\infty$ と定義し，かつ，次の約束をもうける．

$$-\infty<0$$
$$(-\infty)+n=n+(-\infty)=-\infty$$
$$(-\infty)+(-\infty)=-\infty$$

A の次数を $\deg A$ で表し，その性質を挙げてみる．

(i)′　$A\neq 0$ のとき $\deg A$ は整数

　　　$A=0$ のとき $\deg A=-\infty$

(ii)′　$\deg(AB)=\deg A+\deg B$

(iii)′　$\deg(A+B)\leq\max(\deg A,\deg B)$

予想に反し似た点よりも似ない点が目立つが，一歩進めて，約数と整除でみると似るのである．

<u>整数のとき</u>　(iv)　a,b はともに 0 と異なる整数で，b が a の約数ならば $|b|\leq|a|$ である．

(v)　整数 a,b ($b\neq 0$) に対し

$$a=bq+r,\quad |r|<|b|$$

をみたす整数 q,r が少くとも 1 組存在する．

<u>整式のとき</u>　(iv)′　A,B はともに 0 と異なる整式で，B が A の約数ならば $\deg B\leq\deg A$ である．

(v)′　整式 A,B ($B\neq 0$) に対し

$$A=BQ+R,\quad \deg R<\deg B$$

をみたす整式 Q, R が少くとも1組存在する.

絶対値に次数を対応させれば, (iv), (v) にはそれぞれ(iv)′, (v)′ が対応する.

一般に整域において, 0と異なる任意の元 a にある1つの整数 $\varphi(a)$ が対応していて, 次の2条件をみたすとき, その整域を**ユークリッド整域**というのである.

(9) $a \neq 0, b \neq 0,$ b は a の約数のとき

$$\varphi(b) \leq \varphi(a)$$

(10) a, b $(b \neq 0)$ に対し,

$$a = bq + r, \quad \varphi(r) < \varphi(b)$$

をみたす元 q, r が少くとも1組存在する.

$\boldsymbol{Z}$ では $\varphi(a)$ として $|a|$ をとり,$\boldsymbol{R}(x)$ では $\varphi(a)$ として $\deg a$ を選ぶならば,ともにユークリッド整域になる.

以上によって,整数 $\boldsymbol{Z}$ と整式 $\boldsymbol{R}(x)$ の類似点は,"ともにユークリッド整域をなすこと"と総括できることがわかった.

この外にも類似点がないわけではないが,話題が高数の周辺をとび越えそうなので,ここらでペンを置こう.

12
同値律異聞

　この頃の教育の現状分析のあとで，2人はだまって滝を眺めていた．副都心の名で脚光をあびつつある新宿の超高層ビルの下に，四方がガラス張りのティールームがある．南面に人工の滝が窓一面に拡がる．全体をぼんやりと眺めれば同じことの繰返しに見えるが，1つの滝に目をすえれば，一瞬といえども同じ状態がない．世の中もこんなものか……などと悟りめいたここ地……彼女が向きをかえ，姿勢をととのえた．
「先生，質問してもよいかしら……一月前からチャンスを待ってたの」
「どうぞ，なんなりと．人生相談以外ならね」
「先生なら人生相談もできますわよ」
「とんでもない」
「いえ，スタイルで分ります」
「ほう．千里眼ですね」
「ベストドレッサーよ．スタイル気に入ったわ．長い髪，チェックのブレザー．それにぴったりのネクタイとハンカチーフ．靴下まで統一してますのね．タレント並みよ」
「だまっていると，何をいい出すかわかったものでない．穴があったら入りたいよ」
「先生，失礼よ．穴があったらなんて……」
「ウェ，どうしようもない．断絶ですね．その連想は……．女性との対話は身にこ

「たえます」

「フフ …… ごめんなさい．数学の質問なの．同値律というのがあるでしょう」

「ありますね．関係の1つでしょう．順序と並んで重要な関係です」

「3つの法則 …… 反射律，対称律，推移律 …… これ全部必要なのですか」

「古くからそうなってます．いまさら，疑問の余地などないと思いますが」

「それが妙なの」

「ほう．それは初耳 …… 同値律異聞 …… と申上げたい」

「何度考えても反射律は不要ですの」

「そうきけば，ますます興味がわく．法則を整理してから吟味しよう」

1つの集合 M の2つの要素 a,b の関係を

$$aRb$$

で表わしたとき

反射律 　　aRa

対称律 　　$aRb \to bRa$

推移律 　　$aRb, bRc \to aRc$

この3つをみたす関係 R を同値関係という．

「aRb が真とすると …… 対称律によって bRa も真です．ここで推移律を使うと

$$aRb, bRa \to aRa$$

aRa は真 …… これ反射律ですわ」

「おや．これは驚き．女性は …… さすが …… 芸がこまかいですね．こんな隅に目をつけるなんて」

「一流はすべて男性よ．女性のは見かけだおし．それに，こんなちっぽけな ……」

「ご謙遜でしょう．ボクは，はじめて知りました．さて，問題の焦点は何か．ありうべからざることが起きた．初めに a ありき，でしょうな ……」

「それどういう意味ですの」

「ある1つの要素 a に目をつけ，a は反射律をみたすか．これが出発点．つまり"はじめに a ありき"です」
「与えられた要素を a とする，ということですの」
「まあ！ そういう意味ですが，与えられたでは押しつけがましく，好きになれない．述語理論ではね …… 2つの変数があるとき，最初に何があり，次に何が現れるか，その順序がたいせつ」
「むずかしいのね．よく分りませんわ」
「すべての a に対し，どんな b をとっても …… とか，すべての a に対し，適当な b をとれば …… というでしょう．この場合，最初に顔を出すのが a で，2番目におそるおそる顔を出すのは b …… てなことです」
「芝居でもみてるみたい」
「本物の芝居ですよ．いまは，われわれ2人の ……」
「はじめに a ありき．了解よ」
「次に相手をつとめる b を探さねばなりません」
「相手は …… どの要素でもよいでしょう？」
「いや，いや，そうはいかんですよ．a にだって好き嫌いがある．虫が好かん，ではどうにもなりませんわ」
「そうかしら」
「あなたは，誰でもよいのですか．たとえば，たとえばですよ．ボクのような男でも」
「あら，もったいないわ」
「ありがとう．いまは a の気持 …… a が申すには ……私と関係 R を結んで下さる方なら，どなたでも結構です ……」
「まあ，おもしろい」
「でも，そんなお方がみつからなかったら，おじゃん．ここですね．焦点は ……」
「お気の毒な a さん．一生独身．私みたい」
「あなたは，まだ望みがあります．a は絶体絶命」
「私はどうでもいいの．a さんのこと考えて上げなさいよ」

「もう，どうしようもない．相手の b がいなければ aRb は成り立たない」

「対称律が使えないのですか」

「使うことは使いますよ．でも，使ってもしようがないでしょう．条件文

$$aRb \to bRa$$

自身は真ですが，仮定の aRb は偽なのですから」

「結論 bRa も偽の場合不明ですね」

「そう．だから，要素 a に関する限り，反射律は成り立たない．aRb, bRa がともに偽では，推移律を使ってみても aRa の真偽は不明です」

「ほかの要素はどうなのですか」

「それはわかりませんね．わかったことは，反射律をみたさない要素がありうるということです」

「理屈はわかりました．でも，実感がわきませんわ」

「では，具体例をさがしましょう．関係 R として平行をとります．こんな図ではどうです」

「みつけました．独身者 …… f さん」

「$a \| b$ ですから，a の相手として b を選べば

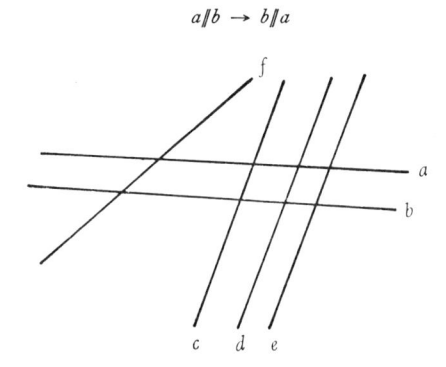

$$a \| b \to b \| a$$

そこで $a\|b, b\|a \to a\|a$ となって $a\|a$ がいえる。$b\|b$ も同様です。c, b, e は、相手が2人もおるから安心。しかし f と平行な直線はないから、$f\|f$ はどこからも出ない」

「なんだか、へんですわ」

「疑い深いですね」

「1つの直線 f は、平行な2直線が重なった特殊な場合とみて、平行ときめれば $f\|f$ でありません」

「具体例が図だから、へんになるらしいよ。こうみたらどうです。集合

$$G = \{a, b, c, d, e, f\}$$

の要素について、情報として

$$a\|b, c\|d, d\|e$$

だけ分っている。その上、法則としては、対称律と推移律の成り立つことが、わかっている、としてみるのです」

「わかりました。それですと、はっきりします。$f\|f$ はどこからも出ませんもの」

「そうでしょう。図をかくのが、必ずしも親切でないことがわかったのも収穫。過保護、必ずしも教育ならず、ですね」

「こちらは、過保護で成長した女。お気の毒ね」

「過保護の女の保護は引受けよう。おや、ネオンがつきはじめた。エレベーターでスカイラウンジへ昇天……としゃれようか」

13
分数式再論

S この前の話題は分数式であった.

T きょうも分数式です.

S 分数式は鬼門らしいね. どんな問題ですか. きょうは…….

T 部分分数に分ける場合です. たとえば

$$\frac{7x+5}{(x-1)(x-3)} = \frac{a}{x-1} + \frac{b}{x-3} \qquad ①$$

をみたす定数 a,b を求める場合. よくあるでしょう. 分母を払い

$$7x+5 = a(x-3) + b(x-1) \qquad ②$$

として から x に 1 と 3 を代入する.

$$x=3 \text{ を代入} \quad 26=2b \quad \therefore \ b=13$$
$$x=1 \text{ を代入} \quad 12=-2a \quad \therefore \ a=-6$$

しばしば受ける質問は, $x=3,1$ のとき, もとの式の分母が零になるではないかということ.

S それで …… キミは …… どう答える.

T うまく説明できない. わかっているのに …….

S じょうずへたは別として, どんな説明を …….

T $x \neq 1, 3$ のとき①と②は同値だから, ①が 1, 3 を除くすべての数について成り立つことと, ②が 1, 3 を除くすべての数について成り立つことは同値. 1, 3 を除く

数は無数にあるから，②は恒等式になることと同値．②が恒等式になることは，$x=1,3$ のとき成り立つことと同値．だから，1,3 を代入してもよい，というように ……．

S うまいじゃないか．完璧に近い．それで ……．

T 学生はポカンとしている．わかったようでわからないらしい．

S 代入しなければよいでしょう．

T そうはいきませんよ．係数を等しいとおくよりも代入法のやさしいことがある．それに高校では，2通り指導するのが常識です．

S やさしいかどうかを無視するなら，係数比較のほうが，問題の実態に合っているようですね．

T どうしてですか．たいせつさは平等と思うが．

S 式の変形でしょう．1つの分数式を，2つの分数式の和の形にかえるのが主眼．そこへ式の値を持ち出すから，いろいろと問題を起す．

T 係数比較でも，分母を零にする x の値は問題になるでしょう．

S いや，その心配はない．式として等しいことを，この前のように ≡ で表わせば

$$\frac{7x+5}{(x-1)(x-3)} \equiv \frac{a}{x-1}+\frac{b}{x-3} \qquad ①$$

と，分母を払った

$$7x+5 \equiv a(x-3)+b(x-1) \qquad ②$$

とは同値です．

T 本当ですか．

S 本当です．証明してみよう．一般には $M \not\equiv 0$ のとき

$$\frac{A}{M} \equiv \frac{B}{M} \rightleftarrows A \equiv B$$

を証明すればよい．この前の分数式の相等の定義によると

$$\frac{A}{M} \equiv \frac{B}{M} \rightleftarrows AM \equiv BM \rightleftarrows (A-B)M \equiv 0$$

ところが，整式には零因子がないのだから，$M \not\equiv 0$ のもとで
$$(A-B)M \equiv 0 \rightleftarrows A-B \equiv 0 \rightleftarrows A \equiv B$$
これで完全に証明された．

T やっぱり分母 $\neq 0$ が現われた．

S よくみたまえ．$M \neq 0$ ではない．$M \not\equiv 0$ ですよ．先の例でみると
$$(x-1)(x-3) \not\equiv 0$$
だから①と②は同値．

T なるほどね．関数ヌキで，代数式とみれば①と②は同値とは ……．

S あとは係数を比較するだけ．
$$7x+5 \equiv (a+b)x+(-3a-b)$$
整式の相等の定義によると，この式は
$$7=a+b, \quad 5=-3a-b$$
と同値．これは，さらに
$$a=-6, \quad b=13$$
と同値．

T 完全無欠ですね．しかし，悩みは解消しない．数値代入法の指導もせざるを得ないわれわれには ……．

S いや，①と②は無条件で同値なのだがから，悩みは解消．無条件の許で，②をみたす a,b を決定すればよいのだ．整式では，$f(x)$ と $g(x)$ が式として等しいこと，すなわち
$$f(x) \equiv g(x)$$
と，$f(x), g(x)$ を関数とみたとき，関数として等しいこと，すなわち
$$f=g$$
とは同値ですよ．

T そうか．$f=g$ は，すべての x について $f(x)=g(x)$ が成り立つことであった．そこで $x=1,3$ のときも成り立つというわけか．

S いや，逆の成立も保証しなければならないから恒等式の定理の利用です．n 次の整関数 $f(x), g(x)$ は，定義域を複素数全体とみたときに等しいことと，定義域を $n+1$ 個の数の集合 $\{a_1, a_2, \cdots, a_{n+1}\}$ とみたときに等しいこととは同値になる．これが恒等式の定理を関数的に解釈したもの．

T 名案ではあるが，学生が理解するかどうか ……

S 予備知識として式の相等をはっきりとさせておくなら …… そう無理ではないだろう．要するにボクのいいたいことは，式には 2 つの側面があるということ．その 2 つを暗々のうちに取扱っているのに，両者の相違をはっきりさせようとしない状態に，ちょっぴり不満をいいたかったまで ……．式の計算のところでは，分母 $\neq 0$ に無頓着．それなのに方程式や不等式では分母 $\neq 0$ にうるさい．それにはそれなりのわけがあるだろう．その根源をさぐってみたかったのだ．人それぞれ見方があろう．ボクのも，その中の 1 つに過ぎないが ……．

T 指導にどう結びつけるかは，次の課題として ……ボクには収穫であった．式の計算では分母 $\neq 0$，関数や方程式では分母 $\neq 0$，この区別を知っただけでも ……．いや，どうも，ありがとう．

14
分数式−そこを知りたい

S きょうの話題はなにか．

T 分数式です．式のうちで疑問のいちばん多いのがこれ ……

S そうですかね．たかが分数式で ……

T 分母が0のときの扱いです．定義では分母が0ではいけないと強調してあるのに，計算にはいったとたん，ほおかぶり．いちいちことわるのは煩しいからですかね．

S もっと本質的なことがからんでいると思うよ．

T 本質的なこと？

S そう．式には2つの側面がある．代数としての式と関数としての式 ……

T そんな区別あるのですか．

S 高校にはないらしいが，数学にはある．数学にあるものを無視すれば，どこかであいまいなことや矛盾が顔を出すのは当然じゃないですか．

T どうもよくわからない．式は関数でもある．同じものじゃないですか．

S 語るに落ちたようですよ．「式は関数でもある」というからには，式と関数を暗黙のうちに区別してるのじゃない．高校のテキストをみると，式とその計算といった章で式が現れ，関数の章で関数を表わすのに式が用いられる．

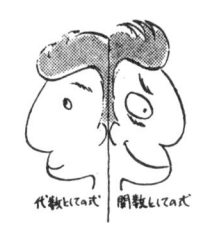

T そういわれてみると，たしかに，式と関数は生い立ちが違う．

S 生い立ちが別なら，正体も別 …….

T だが，その区別がはっきりしない．文字は 実数，複素数などの数を表わすのだから，数と式は同じみたい．文字がいろいろの数を表わせば式は関数そのものでもある．だのに，これらは，全く同じでもなさそう．

S その混乱は高校の数学の定義そのもの …… 迷うのは学生のみではない．教師もまた …….

T 他人ごとみたいなことをいわずに解明してほしいよ．

S それが簡単でない．何事もアラ探しはやさしいが，解明はむずかしい．まして，建設的対策となると …….　野党は気楽だが与党はきびしいようなもの．いちばんノンキなのがヤジ馬 …… こら無責任のサンプルみたいなもので …….

T ヤジ馬で結構．ヤジ馬のいない世の中は淋しい．

S とうとうヤジ馬にされてしまった．ヤジ馬がいなけりゃおどるアホーも張り合いがなかろう．

T おどるのは引受けた．頼みますよ．

　　　　　　　　　×　　　　　　　　　　　　　×

S 代数としての式が解明できれば，式と数，式と関数の区別はおのずからはっきりするだろう．$5x+2$ と $3x-6$ とを等しい式とみる人はいない．x が -4 のとき値は等しいのに ……．あきらかに数と式は別のもの …….

T それは分っているのに，うまく説明できない．他人に説明できないのは，本当に分っていない証拠だ，といわれたらアウト．

S 問題は式の相等の定義にあるよ．

T どんな数を代入しても値の等しいこと，つまり恒等的に等しいことでしょう．

S 式は恒等式を習う前からある．それなのに，式が等しいかどうかを見分けるじゃないですか．

T なるほど ……．そこが解明できればよさそう．だが，テキストに式の等しいの説明はない．テキストは不親切ですね．

S 定義はないが，それらしきものはある．

T それらしきもの ……．

S それは同類項の説明です．

T 文字の部分が等しいのが同類項．

S さらに係数が等しかったら，2つの単項式は等しい．そんな説明はない．なくてもわかるからでしょう．

T それはそうですね．なくても分ることはないほうがよい．

S 多項式は単項式の和 …… そこで，多項式が等しいかどうかも見分けられる．同類項をくらべればよいから……．

T それも以心傳心でわからせる．テキストは巧妙ですね．

S 何をいう．キミ自身がそういう指導をしておって．学生には，それで十分でしょう．学生のためというよりは，キミの自己満足のためなら，x についての2つの整式

$$ax^2+bx+c \quad と \quad a'x^2+b'x+c'$$

は，$a=a'$, $b=b'$, $c=c'$ のときに等しいとでもいえばよい．おそらく学生は，わかり切ったことを，いまさら何のために，といった顔をするとは思うが．

T いや，まったく，その通りでしょうな．それでも，やっぱり，やるのが数学 ……．

S いやに，数学，数学 と力むじゃない．数学に限って特別扱いは感心しない．式の生命は形，形あっての式，式が等しいかどうかは形でみる．式が0に等しいというのは，値が0のことではない．係数がすべて0のこと．

T 係数が0ならば値も0でしょう．

S 0は0だが，本質はちがうよ．ax^2+bx+c が式として0というのは，くわしくみれば $0x^2+0x+0$ に等しいことだから

$$a=0, \quad b=0, \quad c=0$$

順序対で示せば

$$(a, b, c)=(0, 0, 0)$$

これが，見かけの2次式が0に等しいの正体．値が0とは違うでしょうが．

T わかったはずが，また混乱して来た．

S 弱ったね．ボクの説明がわるいのかな ……．

T 責任はこちらにある．にぶいからね，ボクは …… 文字は数を表わすのに，文字で作った式が数とちがう．そこんところが不安なのだ．

S 文字は数を表わすこと，文字に数を代入することにこだわるから，いけない．文字は記号，何を表わすかわからないのだと割り切ることだ．

T それでは，ますます混迷 …… 何を表わすか分らない文字 x に，数をかけたり，加えたりできるのですか．たとえば $2x, 2x+3$ のように ……

S できると約束するのです．数と同じように計算できると．式とはそういうものです．

T 数と同じように計算できるとは？

S 数と同じ計算があり，同じ計算法則をみたすこと．

T 2つの式 ax^2+bx+c と $a'x^2+b'x+c'$ との和を

$$(ax^2+bx+c)+(a'x^2+b'x+c')$$
$$=(a+a')x^2+(b+b')x+(c+c')$$

と定義するようなことですか．

S そうです．

T ところが，ボクは，それがわからない．ax^2+bx+c の中の ＋ と，2式を加える ＋ との違いが．

S はじめは違うが，あとで同じになる．つまり，＋はやがて ＋ になることを期待している，というよりは承知の上で，はじめから ＋ を使う．

T ややこしいね．数学者は承知しているだろうが，ボクはお先真暗です．

S たしかに，数学には，数学者の一人よがりのものがあるようだ．万事承知の数学者のまねをすることはない．お先真暗なわれわれには，われわれの対策がある．

T チョウチンでもぶら下げて行けというのかね．

S ax^2+bx+c は＋を省き (ax^2, bx, c) でかく．ax^2, bx も数と文字の乗法，これも定

義以前だから，xを略し

$$(a, b, c)$$

でかくのです．これならば正体のわかっている数を並べたもの …… なんの不安もない．一般の整式もこの要領で …….

T n次式 $a_0x^n + a_1x^{n-1} + \cdots + a_n$ は

$$(a_0, a_1, \cdots, a_n)$$

ですか．

S いや，それではまずい．昇べきの順にかき，先のほうに0を無限に補う．つまり

$$a_0 + a_1x + a_2x^2 + \cdots + a_nx^n$$

を

$$(a_0, a_1, a_2, \cdots, a_n, 0, 0, \cdots)$$

とかき，無限数列でゆく．ただし，0でない項は有限個としておかないと整式にはならない．a_n も略し

$$(a_0, a_1, a_2, \cdots\cdots)$$

とかいたので十分．0でない項は有限個というただし書きを忘れなければ …….

T それに加法を定義するのですね．

S そう．2つの整式

$$A = (a_0, a_1, a_2, \cdots\cdots)$$
$$B = (b_0, b_1, b_2, \cdots\cdots)$$

に対して

$$A + B = (a_0 + b_0, a_1 + b_1, a_2 + b_2, \cdots\cdots)$$

T なるほど，それなら，2つの加法の違いがはっきりする．AとBの間の＋は式の加法，（ ）の中の＋は数の加法．

S すでに知っている数の加法で，新しく式の加法を定義したことになる．スッキリするでしょう．

T これなら，ボクにもわかる．乗法は

$$AB = (a_0 b_0,\ a_1 b_1,\ a_2 b_2,\ \cdots\cdots)$$

ですか．

S あわてなさるな．2つの2次式をかけ合せてごらん．従来の方式で ……．タネのないところに芽は出ない．数学も同じ．数学のタネは具体例．それを一般化するのです．

T $a_0 + a_1 x + a_2 x^2$ と $b_0 + b_1 x + b_2 x^2$ の積は

$$a_0 b_0 + (a_0 b_1 + a_1 b_0) x + (a_0 b_2 + a_1 b_1 + a_2 b_0) x^2 + \cdots$$

そうか．一般には

$$AB = (a_0 b_0,\ a_0 b_1 + a_1 b_0,\ a_0 b_2 + a_1 b_1 + a_2 b_0,\ \cdots\cdots)$$

ややこしい式ですね．

S 見かけの複雑さと，真の複雑さとは別のもの．見かけは複雑でも，構成の原理は単純ということがある．これはそのよいサンプル．サフィックスをごらん．

T やられたよ．サフィックスの和が，0, 1, 2, … の順ですね．

S x^n の係数にあたる項は，サフィックスの和が n ……原理は単純そのもの．これを張り子のトラという．

T 数学がすべて張り子のトラであってほしいが，凡人の感覚とは縁が薄い．

S あきらめたら万事おしまい．喰いつくことです．いまのようにきめた加法と乗法が計算の基本法則をみたすことを確かめるのはやさしい．

T そうでもなさそう．乗法の結合法則はしんどそう．分配法則はなおさら．

S 根気の問題．これも張り子のトラですよ．暇なときにでも確めてごらん．加法についてはベクトルと同じで，零元は

$$O = (0,\ 0,\ 0,\ \cdots\cdots)$$

それから $A = (a_0,\ a_1,\ a_2,\ \cdots\cdots)$ の逆元は

$$-A = (-a_0,\ -a_1,\ -a_2,\ \cdots\cdots)$$

14. 分数式-そこを知りたい **105**

だから，減法 $B-A$ は $B+(-A)$ によって導入できる．

T 式Aが零に等しいは ……

S 正確には零元に等しいことだから $A=O$，つまり

$$(a_0, a_1, a_2, \cdots\cdots)=(0, 0, 0, \cdots\cdots)$$

は $a_0=0, a_1=0, a_2=0, \cdots\cdots$ のこと．

T この方式だと，零と零元の違いがはっきりする．しかし，高校では区別しないですよ．式が零に等しいも式の値が零に等しいも $A=0$ とかくでしょう．

S するどいことをいうね．そこがデリケートだ．

T デリケートの正体は？

S 乗法の定義にからんでいる．いま考えた式のうち，とくに第2成分以下がすべて零のものに目をつけてごらん．それを

$$A_0=(a_0, 0, 0, \cdots\cdots)$$
$$B_0=(b_0, 0, 0, \cdots\cdots)$$

と表わしてみると，A_0 は式なのに数 a_0 と同じに振る舞う．

T 同じに振る舞う!? それどういう意味 ……．

S 同じに演算できるということ．和には和，積には積が対応すること．

T 同型のことですね．

S そう．A_0 に a_0 を対応させるのは写像で，同型写像の条件をみたす．

T 全単射であることはあきらか．さらに

$$A_0+B_0=(a_0+b_0, 0, 0, \cdots\cdots)$$
$$A_0B_0=(a_0b_0, 0, 0, \cdots\cdots)$$

その写像を f とすると

$$f(A_0+B_0)=a_0+b_0=f(A_0)+f(B_0)$$
$$f(A_0B_0)=a_0b_0=f(A_0)f(B_0)$$

あきらかに，f は同型写像です．

S 同型なものは区別しないことが多い．高校で，数も式の特別な場合とみるでしょ

う．数 a_0 は，式の極端に退化した場合とみて式の中に含めるのが，従来の実態に合う．そこで A_0 と a_0 を同じとみる．

T 同じとみるなら $A_0=a_0$ とかいてよいですね．

S そう約束するのです．そうすれば意外なことが起きる．

T おどかさないで下さい．

S いや，期待した式の形に近づくのだ．$A=(a_0, a_1, a_2, a_3, \cdots\cdots)$ は分離すると

$$(a_0, 0, 0, 0, \cdots\cdots)$$
$$(0, a_1, 0, 0, \cdots\cdots)$$
$$(0, 0, a_2, 0, \cdots\cdots)$$

などの和．ところが，2番以下の式は

$$(a_1, 0, 0, 0, \cdots\cdots)(0, 1, 0, 0, \cdots\cdots)$$
$$(a_2, 0, 0, 0, \cdots\cdots)(0, 0, 1, 0, \cdots\cdots)$$

というように書き直すことができる．さらにおもしろいことには

$$X=(0, 1, 0, 0, \cdots\cdots)$$

とおいてみると

$$X^2=(0, 0, 1, 0, \cdots\cdots)$$
$$X^3=(0, 0, 0, 1, \cdots\cdots)$$

そこで，結局

$$A=a_0+a_1X+a_2X^2+\cdots$$

T おや，これはオドロキ．整式が現れた．よく見かける形の ……

S 数学のおもしろさは，こういうところにあるだろうね．

T 「オドロキは楽しい」では済まない．幸福イッパイで，コワイみたいということもある．

S 女の子のあれとは違う．もっと知的な話だ．

T X がコワイのですよ．X は何物か．

S 記号ですよ．A は数を並べたもので1つの記号であった．X はその仲間．

14. 分数式-そこを知りたい **107**

T X に数を代入するのでしょう.

S そうです.

T 矛盾じゃないですか. 記号に数を代入するのは ……

S いや,記号だからこそ頼りになる. そこが数学の本命. 箱は中が空であるほど,物がたくさんはいるよ. 記号は制限が少ないほど,いろいろの内容を与えることができるのです. 記号で不安なら,ある集合の任意の要素といってもよい.

T X は変幻自在な玉手箱か.

S 変幻自在とはいかない. 式が意味をもつ限りは …… という条件はいる. $a_0+a_1X+a_2X^2+\cdots\cdots$ が意味をもてばよいのです.

T 具体的には,どんな数か.

S 一般的にいおうとすると環とか拡大環を持ち出さねばならない. われわれが,いま問題にしている式は係数として実数や複素数を想定している. むずかしく考えなくてよい.

T 実数や複素数は代入できる.

S 定数 a_0 がないなら,正方行列でもよい.

T なるほど. 式によっては意外なものが代入できるのですね.

S これ以上深追いすれば,話題からそれそう.

T 話をもとへもどそう. 未解決の疑問があった. 零と零元の区別. $(a_0, 0, 0, \cdots\cdots)$ イコール a_0 と約束したでしょう.

S 確かに.

T 話をむし返すことになるが,その約束ですと,$(0, 0, 0, \cdots\cdots)$ はイコール 0 となって,零元と零の区別が失われる. それでもよいのですか.

S デリケートなところがある …… と前にいったのは,そのことです.

T デリケートのままで,放り出されたのでは浮ぶ瀬がない.

S 零元は,ときどき里帰りをするとでも考えるか.

T 里帰り.

S 林さんが山本君と結婚すれば,山本を名のるが,旧姓が林であったという事実は消えないようなもの.

T たとえ話で，巧みに逃げられた感じ．

S 里帰りかどうか見分ける手掛りが残っておれば問題はない．$A=0$ の等号が，式の値が0に等しいことを表わすか，それとも式そのものが0に等しいことを表わすかの違い．

T 文脈で読みとれというのですか．

S そう．

T ところが，そこがわからない．学生は．

S 大げさですよ．例外の一般化は戴けない．たまにしくじることはあるだろうが，たいていは見分けがつく．

T ちょっといい過ぎたか．

S 文脈で読みとるのが不安なら，A の値が0は $A=0$ で，A が式として0は $A\equiv0$ で表わすことにしてはどうか．当分これでいこう．

　　　　　　　　　×　　　　　　　　　　　　　　×

T 整式のことはわかった．最初の疑問 …… 分数式の取扱いへの道は遠い．

S いや，第1の峠は越えた．第2の峠に向うとしよう．それは零因子のことです．

T 零因子？　どこかできいたような気がする．

S コトバにおどかされてはいけないよ．行列にその例があった．実数では

$$a\neq0,\ b\neq0 \quad \text{ならば} \quad ab\neq0$$

となる．ところが行列では，A, B がともに零行列でないのに積は零行列になること

があった. 一般に

$$A \neq 0, B \neq 0 \text{ であるのに } AB = BA = 0$$

となるとき，AはBの零因子，BはAの零因子というのです．実数や複素数には零因子がない．さて整式ではどうか.

T ない．あきらかに．

S 本当ですか.

T 式の値は数だから.

S 相変らず式の値にこだわる．式の値が等しいは忘れることです．

T そうなると，証明はアウト.

S $A \neq 0$ ならば，Aの係数には0でないものがあり，次数を定義できた．

$$a_0 + a_1 x + a_2 x^2 \quad (a_2 \neq 0) \quad \cdots\cdots \quad 2次$$
$$a_0 + a_1 x \quad (a_1 \neq 0) \quad \cdots\cdots\cdots\cdots\cdots \quad 1次$$
$$a_0 \quad (a_0 \neq 0) \quad \cdots\cdots\cdots\cdots\cdots\cdots \quad 0次$$

というように．そこで，$A \neq 0$ のとき A の次数を m とすると $a_m \neq 0$，同様に $B \neq 0$ のとき B の次数を n とする $b_n \neq 0$，そこでAとBの積の次数は？

T $m+n$ 次です．

S その係数は？

T $a_m b_n$ です．

S これで証明は終ったようなもの ……

T なるほど，$a_m b_n \neq 0$ だから $AB \neq 0$，まとめると

$$A \neq 0, B \neq 0 \text{ ならば } AB \neq 0$$

S これで整式には零因子のないことがわかった．

× ×

T これがどうして第2の峠というほど重要なのですか．

S そのわけは，次の峠でわかる．第3の峠は分数式の定義 …… よく見かける分数式の定義は ……

T 分母に文字のある式 ……

S その定義は定義のようで定義になっていない.

T どうしてです.

S 定義以前に, 分数式を闇取引で使っている. 分数式の定義以前に分数式の分母とは自己矛盾, いや循環論法.

T なるほど, 定義はけわしい. A, B を整式とするとき, $\dfrac{A}{B}$ を分数式という. A は分子, B は分母 …… ではいけませんか.

S 分母が定数のこともあるから, 正しくは有理式ですが, 分数式でいこう. 分数式には広い意味と狭い意味がある. 広い意味の場合は有理式と同じですから ……
いまの定義は条件が足らない.

T 分母は零元でないことですか.

S そう. $B \not\equiv 0$ の追加です.

T いまのところ $\dfrac{A}{B}$ は記号に過ぎないでしょう. 記号なら B は 0 でもよいと思うが.

S もっともな疑問. そのわけは次にわかる. 分数式に「等しい」を導入するときに.

T 高校のテキストには, 約分はあっても, 一般の分数式の等しいはない.

S それを補うのが数学のつとめ …… というわけで, 2つの分数式 $\dfrac{A}{B}, \dfrac{C}{D}$ は

$$AD \equiv BC, \quad B \not\equiv 0, \quad D \not\equiv 0$$

のときに等しいと約束する.

T その定義の源は想像がつくよ. $\dfrac{A}{B} \equiv \dfrac{C}{D}$ の分母を払ったものでしょう.

S そう. この定義をとると, 幸いなことに, 「等しい」は同値律をみたす.

T その証明はやさしそう.

S やってみないことには …… 何がとび出すかわからん.

T 反射律 $\dfrac{A}{B} \equiv \dfrac{A}{B}$ は $AB \equiv AB$ から自明もいいとこ.

対称律

$$\dfrac{A}{B} \equiv \dfrac{C}{D} \quad \text{ならば} \quad \dfrac{C}{D} \equiv \dfrac{A}{B}$$

も問題なし．残りの推移律

$$\frac{A}{B} \equiv \frac{C}{D}, \frac{C}{D} \equiv \frac{E}{F} \quad \text{ならば} \quad \frac{A}{B} \equiv \frac{E}{F}$$

に当ってみる．証明することは

$$AD \equiv BC, \quad CF \equiv DE$$

から $AF \equiv BE$ を導くこと．これなら，ボクの得意なもの，D を消去するため，第1式に E，第2式に A をかけて

$$EBC \equiv ACF$$

C は 0 でないから，両辺を C で割って

$$BE \equiv AF$$

S ちょっとまった．整式で割ることについては何もやってないよ．

T そうか．弱った．

S ここで前に準備した零因子のことが役に立つ．$C(AF-BE) \equiv 0$ とかきかえてごらん．整式には零因子がないから，$C \not\equiv 0$ ならば $AF - BE \equiv 0$, ゆえに $AF \equiv BE$

T いや感激．こんなところで，零因子のことが役に立つなんて……数学は巧妙にできていますな．

S 同値律をみたすから，分数式の等式は，ふつうの等式と同じように取扱ってよいのだ．

T 約分の法則も導かれるでしょうね．

S やってごらん．

T $\dfrac{A}{B} \equiv \dfrac{AM}{BM}$ を証明すればよい．それには $ABM \equiv BAM$ を証明すればよい．これはあきらか．

S $B \not\equiv 0, M \not\equiv 0$ を前提として追加するのが望ましい．念には念を押そう．ここで，B, M が 0 に等しくないは，式として 0 に等しくないことですよ．したがって，分数式

$$\frac{x^2-3x+2}{x^2-4} \quad \text{すなわち} \quad \frac{(x-1)(x-2)}{(x+2)(x-2)}$$

は，もんくなしに

$$\frac{x-1}{x+2}$$

に等しいわけだ．

T $x \neq -2$ はいらないのですか．

S いまのところ式の値の相等は念頭にない．$x+2 \neq 0, x-2 \neq 0$ は自明だから

$$\frac{x^2-3x+2}{x^2-4} \equiv \frac{x-1}{x+2}$$

は疑問の余地なく正しい．もちろん，M が零でない定数に退化した場合も含むから，たとえば

$$\frac{2(5x-3)}{2(x+2)} \equiv \frac{5x-3}{x+2}$$

も正しい．文字が2つ以上でも，以上の理論は，ほんのわずかの修正で，そのまま成り立つ．

T これで疑問の半分が解けた．分数式の計算のとき，分母の値が0でない，を気にしないわけが．

S 式の計算は，式として等しいものに変形するのが主要な目標 ……．

T そのとき，式の値に気をくばるのは，神経質，いや，邪道ということですね．

S そういうことだと思うね．高校のテキストはあいまいなようで，暗々のうちにその立場をとっている …… とみるのが善意．もっとも，すべての著者がそこまで考えているとは思わないが．

T 善意？

S そう．何事も善意に解釈しておれば，世の中に波風が立たない．

T 善意につけこむ悪人もおるよ．

S そこで，夏目漱石流の悩みとなる．「意地を通せば角が立ち，情にさおさせば流される」とね．要は生き方の問題じゃない．

T その悟り．凡人のボクにはむり．

14. 分数式-そこを知りたい **113**

S いやいや凡人こそ悟りが早い．**賢者振れば意識過剰で，すなおになれない**．

T 一本とられたとしよう．

S きょうは，いやにすなおですね．

T 人生哲学についてはね．分母が零の問題は簡単に引き下れない．20年来の宿願ですからね．

× ×

S ほう．その執念には敬服するよ．手ごわい問題を用意しているらしいね．

T ズバリ．分数方程式の問題です．これをごらん．

$$x-2-\frac{a^2}{x-2}=0$$

これを解くのです．

S 分母を払って解けばよいでしょうが．

$$x=2\pm a$$

分母に代入すると $x-2=\pm a$ だから，

$a \neq 0$ のとき $x=2\pm a$

$a=0$ のとき 根がない．

T ボクもそう習ったし，そう指導して来た．ところがです，ある大先生のは違う．方程式はこれと異なるが，解き方をまねれば

$a=0$ のとき，もとの方程式は $x-2=0$

$$\therefore \quad x=2$$

$a \neq 0$ のとき，分母を払って解き，分母を0にしないことを示し，$x=2\pm a$，まとめてつねに $x=2\pm a$ を解にもつ．

まあ，こういう解になる．

S ほう．これは難問．キミも意地が悪い．意地悪ババにいつ転向した．

T 大先生の解を紹介したまで ……．解明はむずかしいですか．

S 大先生ときいては緊張する．2つの解釈がありうるようだ．その1つは，ついう

っかりのミス．もう1つは，分数式の式としての相等によって方程式を変形．

T ついうっかりのミスとは，$a=0$ のとき，分母に代入するのを忘れた意味か．

S そう．

T それなら，何も $a=0$ の場合を別扱いすることないと思うが．

S それもそうですね．だと，すると，式としての相等か．

T 式としての相等？

S $a=0$ のとき $\dfrac{a^2}{x-2}$ は $\dfrac{0}{x-2}$ で，これは，式として0に等しい．つまり，前の3本棒でかけば

$$\frac{0}{x-2}\equiv 0 \quad \therefore \quad x-2-\frac{0}{x-2}\equiv x-2$$

そこで，もとの方程式は $x-2=0$ と同値とみる考えでしょう．

T それでは，高校のテキストに合わない．もとの方程式の分母を0とするものが解になる．

S 大先生ともなれば，高校のテキストや高校流儀は念頭にない．

T そういうものですか．

S この解き方，その源は古いようだ．ボクが若いころは …… いや，いまもアタマは若いつもりだが …… 分数方程式は既約分数式に直して解くという流儀があった．

T 初耳．くわしく願いたい．

S すべての項を左辺に移し，左辺を1つの分数式に直したとき，たとえば

$$\frac{(x-2)^2}{(x-1)(x-2)}=0$$

となったとする．ここで，左辺を既約分数式に直すのです．

$$\frac{x-2}{x-1}=0$$

これを解く．解きっぱなしでよいという流儀です．

T これを解いたら $x=2$ で，もとの方程式の分母を0にする．ヘンですね．

S この考えも，

14. 分数式-そこを知りたい **115**

$$\frac{(x-2)^2}{(x-1)(x-2)} \equiv \frac{x-2}{x-1}$$

を使ったわけで，式の変形は，式としての相等によっているわけだ．

T ますます混迷．弱き者 …… われわれ教師は救われない．解き方が2つあって，どれも正統となると ……．そこで，キミの意見をききたい．

S 第3の道が残っているよ．式の相等には3通りあった．

式として等しい．

式の値が等しい．

関数として等しい．

T 第3の道 …… とは，関数として等しいのことか．

S そうです．式の中の文字は記号 ……見方をかえればある集合の任意の要素．そこで集合 G を適当に選べば，式は G を定義域とする関数に変身 ……

T 関数とみれば，どうして雲が晴れるのです．

S 最初の分数方程式で，x を複素数とすると左辺の式

$$f(x) = x-2 - \frac{0}{x-2}$$

は関数でしょう．

T あたりまえ．

S 方程式 $f(x)=0$ というのは，関数 $f(x)$ の値が0になるときの x の値を求めること …… そう考える．

T それもわかる．しかし疑問は解けない．

S いや解ける．関数ならば

$$f(x) = x-2 + \frac{0}{x-2} \qquad (x \neq 2)$$

$$g(x) = x-2$$

は異なる．定義域が一致しないから ……．

T 関数が異なれば，方程式も異なるから $f(x)=0$ と $g(x)=0$ は同値でない，ということですね．

S これがボクの考え．この考えですと，条件 $x\neq 2$ の許で，関数 $f(x), g(x)$ は一致し，方程式 $f(x)=0, g(x)=0$ は同値になる．

T 高校の式の取扱い，方程式の取扱いとピッタリですね．

S いまのところ，この解明が，ボクとしては精イッパイ．名案のある方は，ご教示のほどを …… と思っているが．

T いや，これで結構．自信がついた．

S 自信過剰は禁物．不安と安定の織りなす人生から深遠な哲理が生れる．数学も同じことだ．

15
分母が0の式に泣く

しばらくぶりでT君に会った．相変らず悩みは尽きないらしい．
「零で割ることはできない，分母は零でない．それなのに，分母が零の式を用いるとはひどい．たとえ，約束ごとであるとしても……」
「しょっぱなから荒れますね．どうしたのです」
「直線の方程式です．3次元空間の …… 説明するまでもないでしょう．

$$\frac{x-x_1}{a}=\frac{y-y_1}{b}=\frac{z-z_1}{c} \qquad ①$$

（ただし，分母が0のときは分子も0）

どうも，この約束が気になる」
「そうむきになるものじゃない」
「こんな式 …… ないと困るのですか」
「困りはしないが，便利だからでしょう」
「表わし方としては便利でも，計算には不便です．こんな式の計算を習ったことも，教えたこともないのですからね」
「計算のときは，もとへ戻せばよい」
「でも，それでは，場合分けが大変」
「場合分け？　なんのことです？」
「$a=0, b \neq 0$ のとき

$$x - x_1 = 0, \quad \frac{y - y_1}{b} = \frac{z - z_1}{c}$$

$a = b = 0, c \neq 0$ のとき

$$x - x_1 = 0, \quad y - y_1 = 0$$

というように，場合分けは 7 通りです」

「その戻り方は古い．ボクが考えているのはイコール t と置くことです」

「分りました．$= t$ とおいて

$$x - x_1 = at, \quad y - y_1 = bt, \quad z - z_1 = ct \qquad ②$$

これですね」

「そう．それはベクトルでかけば

$$\boldsymbol{x} - \boldsymbol{x}_1 = \boldsymbol{a}t, \quad \boldsymbol{x} = \boldsymbol{x}_1 + \boldsymbol{a}t \qquad (t \in \boldsymbol{R})$$

となって，ベクトルと結びつく」

「いや恥しい．ボクのみた本は古かった」

「この式に戻れば，これから先はまともな計算ができる．分子が 0 といった約束も気にしなくてよい」

「それなのに，どうして分数の形にかくのですか」

「世はさまざま．パラメータ表示の嫌いな人，不得手な人もおるわけで ……」

「それで，こんな式がはびこり，学生が泣き，教師は迷う．ボクはパラメータ型でいきたいね」

      ×   ×

「分母が 0 になる式は，2 直線が一致するための条件のときも現われる」

「そうそう，思い出した．2 直線の方程式を

$$ax + by + c = 0 \quad (a, b) \neq (0, 0)$$
$$a'x + b'y + c' = 0 \quad (a', b') \neq (0, 0)$$

としたとき，一致するための条件を

$$\frac{a'}{a}=\frac{b'}{b}=\frac{c'}{c} \qquad ③$$

と書きますね．この場合にも"分母が0なら分子が0"の約束があったと思うが」

「いや，違う．この場合は分子と分母は平等だから

$$分母=0 \rightleftarrows 分子=0$$

ですよ」

「見かけは同じなのに約束は違う．これでは一層人を迷わす．イコール t とおき，分母を払ってもいいですか」

「さあ！　どうですか．確かめてごらん」

「確かめるための源は？」

「2直線が一致することは，連立1次方程式でみれば不定 ……」

「それなら分ってます．

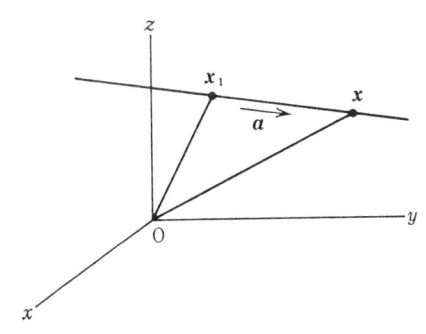

$$ab'=a'b, \quad ac'=a'c, \quad bc'=b'c$$

a, b のどちらかは0でないから，たとえば a が0でないとすると，第1式と第2式から

$$b'=\frac{a'b}{a}, \quad c'=\frac{a'c}{a}$$

そこで $\frac{a'}{a}=t$ とおくと

$$a'=at, \quad b'=bt, \quad c'=ct \qquad ④$$

b が0でないときは，第1式と第3式から

$$a'=\frac{ab'}{b}, \quad c'=\frac{b'c}{b}$$

$\frac{b'}{b}=t$ とおくと $b'=bt, a'=at, c'=ct$，同じ結果が出ました」

「やるじゃない．これで，③の式でも，イコールtとおいてよいことがわかったわけだ．しかし，ここのtは，3次元空間の直線の方程式の場合のtとは違う」

「驚かさないで下さい．本当ですか」

「④をごらん．a'とb'の少くとも一方は0でないのだからtは0ではない」

「そうか．②のtは0になることがあったが，④のtは0にはならない」

「④で $t \neq 0$ とすると $a=0 \rightleftarrows a'=0, b=0 \rightleftarrows b'=0, c=0 \rightleftarrows c'=0$ まとめて

$$\text{分母}=0 \rightleftarrows \text{分子}=0$$

分りましたか」

「わかることは分ったが，しんどい．こんな芸のこまかいことを学生に指導するのはムリ」

「ムリならよせばよい」

「でも，テキストにあれば，ムリを承知でやらねばならぬ」

「イコールtとおき，分母を払ってしまえば，後は並の計算 …… 神経をいら立てることないのに」

「そうはいっても，やっぱり不安」

       ×   ×

「師たるものが，ここでへこたれては，次が続かない」

「まだ，あるのですか」

「ありますよ．シュワルツの不等式」

「$\boldsymbol{a}, \boldsymbol{b}$ がベクトルのとき

$$|\boldsymbol{a}|\cdot|\boldsymbol{b}| \geqq |(\boldsymbol{a}, \boldsymbol{b})|$$

のことですね」

「それを,3次元のベクトルとみて,成分で表わせば

$$\sqrt{a_1{}^2+a_2{}^2+a_3{}^2}\sqrt{b_1{}^2+b_2{}^2+b_3{}^2} \geqq |a_1b_1+a_2b_2+a_3b_3|$$

平方して,書きかえると

$$(a_1b_2-a_2b_1)^2+(a_1b_3-a_3b_1)^2+(a_2b_3-a_3b_2)^2 \geqq 0$$

等号の成り立つための条件は

$$a_1b_2=a_2b_1, \quad a_1b_3=a_3b_1, \quad a_2b_3=a_3b_2 \qquad ⑤$$

これをまとめて

$$\frac{a_1}{b_1}=\frac{a_2}{b_2}=\frac{a_3}{b_3} \qquad ⑥$$

とかくこともある.これも文字は0のことがあるから,分数の形式的利用ですよ」

「これも,イコール t で処理すればよいでしょう?」

「さあ! そこが盲点です.b_1, b_2, b_3 に0でないものがあれば,連立方程式の不定の場合と同様にして

$$a_1=b_1t, \quad a_2=b_2t, \quad a_3=b_3t \qquad ⑦$$

を導くことができる.しかし,この例では,b_1, b_2, b_3 がすべて0であってもよい.いまかりに b_1, b_2, b_3 はすべて0で,a_1, a_2, a_3 には0でないものがあったとすると,⑤は成り立つが⑦は成り立たない.だから⑤と⑦は同値でない.どう,わかった」

「さっぱり」

「弱ったね.くり返すよ.⑤の代りに⑥を用いたとすれば⑤と⑥は同値.一方⑤と⑦は同値でないのだから,⑥と⑦は同値でない.ということは,⑥でイコール t とおいて⑦を導いてはいけないということ」

「結論は分った」

「要するに,いいたいことは,⑥でイコール t とおいても,⑤の代用にはならんということですよ」

「じゃ,どう置くのです」

「結論を先にいえば，イコール $\frac{n}{m}$ とおいて，分母を払い

$$ma_1=nb_1,\ ma_2=nb_2,\ ma_3=nb_3$$

導けをばよいのです」

「もうダメ．ボクの頭の限界です」

「降参！ 何がキミをそうさせたか．それが問題なのだ．真相は，低次のところでモタついているところにある」

「高いところから見下せということか」

「そう．ベクトルでみるのです．ベクトルの1次従属でみれば，いままでの3つの例は総括され，簡単になる」

「その特効薬を …… ぜひ」

×   ×

「キミも知っているように，2つのベクトル a, b が1次従属であるというのは，2つの条件

$$\begin{cases} (1) & m\boldsymbol{a}=n\boldsymbol{b} \\ (2) & m, n \text{ の少なくとも一方は0でない．} \end{cases}$$

をみたす実数 m, n があることですね．これは，1つの条件

$$\boldsymbol{a}=t\boldsymbol{b}\ \text{or}\ t\boldsymbol{a}=\boldsymbol{b}$$

をみたす実数 t があることと書きかえることもできる．その証明はやさしい．$m \neq 0$ のときは(1)を $\boldsymbol{a}=\frac{n}{m}\boldsymbol{b}$, $n \neq 0$ のときは(1)を $\frac{m}{n}\boldsymbol{a}=\boldsymbol{b}$ と書き直せるからです」

「なるほど．それを成分で表すのですね．3次元ベクトルとして $\boldsymbol{a}=(a_1, a_2, a_3)$, $\boldsymbol{b}=(b_1, b_2, b_3)$ とおくと，1次従属は

$$a_1=tb_1,\ a_2=tb_2,\ a_3=tb_3$$
$$\text{or}\ ta_1=b_1,\ ta_2=b_2,\ ta_3=b_3$$

をみたす実数 t あり」

「そう．これは t を消去した

15. 分母が 0 の式に泣く

$$a_1b_2 = a_2b_1, \quad a_2b_3 = a_3b_1, \quad a_2b_3 = a_3b_2$$

と同値．これを分数の形をかりて

$$\frac{a_1}{b_1} = \frac{a_2}{b_2} = \frac{a_3}{b_3} \text{ or } \frac{b_1}{a_1} = \frac{b_2}{a_2} = \frac{b_3}{a_3}$$

とかく．ときには，比の形をかりて

$$a_1 : a_2 : a_3 = b_1 : b_2 : b_3$$

とかく」
「災の根源はそれだ」
「被害意識に振り回されていたのでは解決にならない．仮の形の式は，もとの式にもどせばよいのだ．しかし，注意しなさいよ．イコール t とおくだけではダメ．イコール $\frac{1}{t}$ とおいたものも必要」
「イコール $\frac{m}{n}$ とおいては？」
「それなら完全．便，不便を問わなければ」
「自信がついた．直線の方程式の場合はどうなるのです」
「特殊の場合ですね．$\boldsymbol{a} = (a, b, c)$, $\boldsymbol{b} = (x - x_1, y - y_1, z - z_1)$ とおいてごらん．$\boldsymbol{a}$ は方向ベクトルだからゼロベクトルではない．そのために 1 次従属の条件は $\boldsymbol{b} = t\boldsymbol{a}$ で十分なのです」
「なぜですか」
「$\boldsymbol{a} = t'\boldsymbol{b}$ とすると $\boldsymbol{a} \neq \boldsymbol{0}$ から $t' \neq 0$, 両辺を t' で割って $\frac{1}{t'}\boldsymbol{a} = \boldsymbol{b}$, これは $\boldsymbol{b} = t\boldsymbol{a}$ に含まれる．しかし $\boldsymbol{b} = t\boldsymbol{a}$ を $\boldsymbol{a} = t'\boldsymbol{b}$ に含めることはできない」
「なるほど．$\boldsymbol{b} = t\boldsymbol{a}$ で十分か．これを成分でかけば $b_1 = ta_1, b_2 = ta_2, \ldots$ 分数の形の式ではイコール t とおくだけでよい」
「分母 $= 0 \rightarrow$ 分子 $= 0$ も明らかですよ」
「最後に，2 直線が一致する場合は $\boldsymbol{a}$ も $\boldsymbol{b}$ もゼロベクトルでありませんね」
「そう．そのために 1 次従属の条件は $\boldsymbol{b} = t\boldsymbol{a}$ でも，$\boldsymbol{a} = t'\boldsymbol{b}$ でもよい．つまり

$$\boldsymbol{a}, \boldsymbol{b} \text{ は 1 次従属} \rightleftarrows \boldsymbol{b} = t\boldsymbol{a} \rightleftarrows \boldsymbol{a} = t\boldsymbol{b}$$

となるのです」

「その理由は分る. ℓ と ℓ' はともに 0 でないから ……. さて,そうだとすると,分数でかく方法も 2 通りで,どちらもイコール ℓ とおくこと可能」

「分母＝0 $\rightleftarrows$ 分子＝0 も明らか」

「万事,解明されました」

「では,いっぷく.コカコーラで,スカッとさわやか,といきますか」

16
混迷増殖の連立方程式

1 混迷の中の連立方程式

　初等数学のなかで，一見平凡な教材であるのに学生を迷わしているものに連立方程式がある．指導の実態は代入法と加減法を併用する便宜主義．ときたま同値が姿を現すが，見せばのサル芝居の域を出ない．係数に文字が現れたとたんに，便宜主義は破局を迎え，同値で混乱し，不安が増大する．混迷は混迷を呼ぶのが世のつね．わけもなく場合分けを繰返し，しめくくりがつかず途方にくれる．

　ここに，質問の興味あるサンプルがあるからお目にかけよう．

　　　　　　　　　×　　　　　　　　　　　　　×

「次の問題で悩み，どうしても抜け切れません．どうか知恵を貸して下さい．

　簡単のため，次の連立方程式で考えることにします．

$$ax+by=1 \qquad ①$$
$$ay+bz=1 \qquad ②$$
$$az+bx=1 \qquad ③$$

a, b はすべて実数とする．

　この問題を解くにあたって ②$\times a$ －③$\times b$ という操作で，②，③ から z を消去し

$$a^2y-b^2x=a-b \qquad ④$$

とし，④と①からyを消去してxを求めます．

この操作で，ある人が"②×a-③×b のところで $ab \neq 0$ という条件をつけなければ，その操作は十分性を欠くことになり，ひいては求めた解も十分性を欠いている"というのです．

しかし，私は次のことを考えているのです．

たしかに，等式の両辺に0をかければ等式の十分性は失われる．それは連立していない方程式の場合である．連立方程式では解の十分性を失わない．なぜなら文字をかけて未知数を消去する際に，そのかける文字は必ず連立方程式の係数であるから．ここに，その謎が含まれている．私はこう考えるのです．これは正しいのでしょうか．正しいとすればn元についての証明を考えて欲しいのです．

以下省略　　　　　　　　　　　　　　　　　　　　　　　　　広島のS生」

　　　　　　　　　　×　　　　　　　　　　　　×

方程式の同値を気にするからには，数学の嫌いな学生ではないと思うのだが，ご覧の通りの混乱振り，見逃すわけにはいかない．この混乱の原因を，学生側にのみ帰するのは酷であろう．指導に当たるわれわれも深く反省させられる．

2　混迷を分析する

質問にみられる第1の混迷は，ある人の説として紹介されているもの．「②×a-③×b のところで $ab \neq 0$ という条件をつけなければ，その操作は十分性を欠く……」

この考えは，おそらく1つの方程式に関する理論から連立方程式の理論への安易なアナロジーであろう．

方程式が1つのとき

$$A = 0 \Rightarrow mA = 0$$

は逆が成り立たない．逆も成り立つのは前提条件として $m \neq 0$ を補ったときである．

$m \neq 0$ のとき

$$A = 0 \Leftrightarrow mA = 0$$

16. 混迷増殖の連立方程式

方程式が2つのときは

$$\begin{cases} A=0 \\ B=0 \end{cases} \Rightarrow mA+nB=0$$

この逆は成り立たない．逆も成り立つものを作るには結論も2つの方程式に改作しなければならない．

$$\begin{cases} A=0 \\ B=0 \end{cases} \Rightarrow \begin{cases} mA+nB=0 \\ B=0 \end{cases} \tag{i}$$

この逆も成り立つようにするには $m \neq 0$ を補えば足りる．

$m \neq 0$ のとき

$$\begin{cases} A=0 \\ B=0 \end{cases} \Leftrightarrow \begin{cases} mA+nB=0 \\ B=0 \end{cases}$$

ある人の説は，おそらく，この定理の前提を $mn \neq 0$ と思ったのであろう．このときも，もちろん(i)の逆は成り立つが，前提条件としては過剰である．

ある人の説で気になるのは，用語の使い方のあいまいさである．「……操作は十分性を欠くことになり，ひいては求める解も十分性を欠いている」日常語と理論語の混同，表現のあいまいさは理解のあいまいさの露出でもある．操作の十分性，解の十分性といった使い方は，定義がなければ意味のとりようがない．論理では，p, q が命題または命題関数のとき，条件文

$$p \to q$$

が真ならば，p を q の十分条件，または q が成り立つためには p が成り立てば十分であるという．q は p の必要条件，または p が成り立つためには q の成り立つことが必要であるという．十分に性をつけると，用法は一層ぼけてしまう．

×　　　　　　×

質問の第2の混迷は次の文である．
「等式の両辺に0をかければ等式の十分性は失われる．それは連立しない方程式の場

合である．連立方程式では解の十分性を失わない」

文章はまずいが好意的に読めば，おぼろげながら真意がくめよう．連立しない方程式では 0 をかければ同値がくずれ，連立している方程式では 0 をかけても同値がくずれないという意味のようである．これ論理的にみて重大な誤解で，この種の誤解を解くのが論理学の使命の 1 つである．

方程式は命題関数の特殊なものであるから，論理法則はそのまま方程式に関する推論にもあてはまる．

2 つの命題関数を，たとえば $p(x), q(x)$ とし，それらの真理集合をそれぞれ P, Q とすると

$$p(x) \to q(x) \qquad \text{(ii)}$$

がすべての x について真のことは，集合で

$$P \subseteqq Q$$

で表わされる．

条件文 (ii) が真であることを明らかにするには，$p(x)$ が真のときは $q(x)$ も真になることを示せばよかった．この証明につられて，$p(x), q(x)$ が偽の場合が起きないとみるのは誤り，$p(x)$ が偽のときは $q(x)$ が真でも偽でも条件文自身は真である．したがって $p(x)$ が偽の場合は証明するまでもないから証明しないのである．

集合でみると P が空集合のときは，Q がどんな集合であっても

$$P \subseteqq Q$$

は成り立つ．P が空集合でないときに，はじめて P, Q の包含関係を明らかにするこ

$p(x)$	$q(x)$	$p(x) \to q(x)$	
真	真	真	← 証明する
真	偽	偽	
偽	真	真	← 証明するまでもない
偽	偽	真	

とが問題になる．

方程式でみると，条件文

$$A=0 \Rightarrow mA=0$$

は，m が0であってもなくても成り立つ．また $A=0$ が成り立っていても成り立たなくても成り立つ．

$m=0$ のときを集合でみよう．$A=0$ が成り立つときは $P \neq \phi$ で，$mA=0$ はつねに成り立つからQは全体集合 Ω に等しい．そこで

$$P \subseteqq Q \text{ は } P \subseteqq \Omega \text{ と同じ．}$$

$A=0$ が成り立たないときは $P=\phi$ で，$mA=0$ がつねに成り立つことは変わらないから $Q=\Omega$，そこで

$$P \subseteqq Q \text{ は } \phi \subseteqq \Omega \text{ と同じ．}$$

×　　　　　　×

次に $p(x)$ と $q(x)$ が同値ということは

$$p(x) \to q(x) \text{ と } q(x) \to p(x)$$

がすべての x について真になることで，$p(x)$ と $q(x)$ がともに真，ともに偽の場合のみが起きる．

集合でみると

$$P=Q$$

Pが空集合ならばQも空集合である．たとえば，等式の両辺に同じ数を加えて

$$x=x+2 \Rightarrow x+3=x+5$$

ここで $x=x+2$, $x+3=x+5$ はともに成り立たない，つまり解がないから，$P=\phi$, $Q=\phi$ であるが

$$P=Q$$

であることには変わりがない．

×　　　　　　×

質問にみられる第3の混迷は「なぜなら文字をかけて未知数を消去する際に，そのかける文字は必ず連立方程式の係数である．ここに謎が含まれている」という文である．

加減法によって未知数を消去する際に，かける文字が係数であることは多いが，係数に限るとみるのは軽率である．たとえば

$$x^2 - 2xy + y^2 = zx \qquad ①$$
$$3x + 5y = z \qquad ②$$

で z を消去するのに ①-②$\times x$ を行ったとすると，かけた文字は未知数である．

しかし，このことは，上の混迷の焦点ではない．かける文字が係数かどうかによって，方程式の理論に重大な相違のあるように考えるのは取越し苦労というものである．

たとえば，$m \neq 0$ のとき

$$\begin{cases} A = 0 \\ B = 0 \end{cases} \Leftrightarrow \begin{cases} mA + nB = 0 \\ B = 0 \end{cases}$$

における m は，係数であろうとなかろうと，また未知数であろうとなかろうと，どうでも，よいことで，0でないことだけを満たせば足りる．

3 加減法を分析する

連立方程式の解法には，加減法と代入法があるが，1次でみる限り代入法は加減法と大差ない．たとえば

$$\begin{cases} y = px + q & ① \\ cx + dy = c & ② \end{cases}$$

で，①を②に代入することは，加減法 ②-①$\times d$ と移項の組合せと同じである．したがって，連立一次方程式の解法の分析は，加減法の分析に帰する．

なぜ加減法を分析するか．加減法として一括しているものの中に，もし異質なものがあり，無差別に共存し，併用されているとしたら，それこそ混迷の姿なき母体の役割を果すことになるからである．

簡単な具体例を分析の素材としよう.

$$\begin{cases} 4x+3y=5 & ① \\ 5x+2y=8 & ② \end{cases}$$

(解法1)

①×5−②×4　　　$7y=-7$

　　　　　　　　$y=-1$　　　　　　　　　　　③

②−③×2　　　　$5x=10$

　　　　　　　　$x=2$　　　　　　　　　　　④

答　$x=2, y=-1$

(解法2)

①×5−②×4　　　$7y=-7$

　　　　　　　　$y=-1$　　　　　　　　　　　③

①×2−②×3　　　$-7x=-14$

　　　　　　　　$x=2$　　　　　　　　　　　④

どちらも加減法である．だが比較してみると微妙で，かつ重要な違いがある．次の図式化がそれを浮き彫りにする．

(解法1)　①→③　③
　　　　　②→②→④

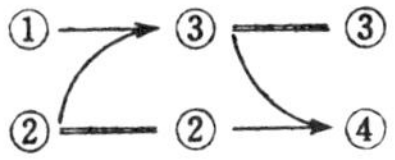

(解法2)　①→③
　　　　　②→④

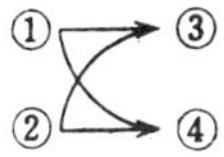

2つの構図の違いは，論理の違い，すなわち推論の違いでもある．解法1では，2つの方程式のどちらか一方をそのまま受けつぐのに対し，解法2では，一気に2つの方程式は別の2つの方程式に受けつがれる．

解法を裏で支えている原理を抽出し，一般化してみる．

(解法1)

$$\text{I} \quad \begin{cases} A=0 \\ B=0 \end{cases} \Rightarrow \begin{cases} mA+nB=0 \\ B=0 \end{cases}$$

(解法2)

$$\text{II} \quad \begin{cases} A=0 \\ B=0 \end{cases} \Rightarrow \begin{cases} mA+nB=0 \\ m'A+n'B=0 \end{cases}$$

解法1では原理Iを2回用いるが,解法2では原理IIを1回用いるだけ.

×   ×

逆が成り立つ場合を探ってみる.

Iにおいて,$mA+nB=0$ と $B=0$ とから $mA=0$,したがって $m \neq 0$ があれば $A=0$ となって逆が成り立つ.

IIにおいて

$$\begin{cases} mA+nB=0 & \text{①} \\ m'A+n'B=0 & \text{②} \end{cases}$$

とおくと

$$①\times n'-②\times n' \quad (mn'-m'n)A=0$$
$$②\times m-①\times m' \quad (mn'-m'n)B=0$$

逆が成り立つためには $mn'-m'n \neq 0$ であればよいことがわかった.

定理1 $m \neq 0$ のとき

$$\begin{cases} A=0 \\ B=0 \end{cases} \Leftrightarrow \begin{cases} mA+mB=0 \\ B=0 \end{cases}$$

定理2 $mn'-m'n \neq 0$ のとき

$$\begin{cases} A=0 \\ B=0 \end{cases} \Leftrightarrow \begin{cases} mA+nB=0 \\ m'A+n'B=0 \end{cases}$$

同値になるための前提条件は定理1のほうがシンプルである.定理2における前提

16. 混迷増殖の連立方程式 **133**

条件 $mn'-m'n \neq 0$ は，行列を用いてかくと

$$P = \begin{pmatrix} m & n \\ m' & n' \end{pmatrix}, \qquad |P| = \begin{vmatrix} m & n \\ m' & n' \end{vmatrix} \neq 0$$

4 解法の差は場合分けの差

文字係数を含む方程式の解法は，その過程において場合分けの起きるのが常である．場合分けは，一般には，解き方によって異なるものである．

現在の学生の多くは，定理 1, 2 の重要な差に気付かないし，気付く方向へ啓発してゆく，指導にめぐまれる機会にも乏しい．そこで当然，方程式の同値の不消化におちいり，無方針な場合分けをくり返し，同値恐怖症に苦しむことになる．そこへ「0 で割るな」の教訓が 2 重映しになるから一層始末が悪い．ところ嫌わず $a \neq 0, b \neq 0, a \neq b$ などの条件を追加したノイローゼ答案が現れるのはそのためであろう．

定理 1, 2 の応用の差を，文字係数の簡単な具体例でながめてみる．

$$\begin{cases} (a-1)x + ay = -1 & \text{①} \\ ax + (a+2)y = -a & \text{②} \end{cases}$$

(**解法 1**)——定理 1 の応用

① $\times (a+2) -$ ② $\times a$

$$(a-2)x = (a-2)(a+1) \qquad \text{③}$$

$a \neq 0$ のとき ② の代わりに③を選ぶ．①, ② は ①, ③ と同値である．

$a \neq 2$ のとき

$$x = a+1 \qquad \text{④}$$

① $-$ ④ $\times (a-1)$ $\qquad ay = -a^2$

$a \neq 0$ だから $\qquad y = -a$

$a = 2$ のとき

①, ③ のうち③はつねに成り立つから①をみたすものを選べばよい．① に $a=2$ を代入して，解は $x + 2y = -1$

$a=0$ のとき ①,③ は ①,② と同値でないから，もとの方程式 ①,② に戻る．$a=0$ を代入して

$$-x=-1, \quad 2y=0$$
$$\therefore \quad x=1, \quad y=0$$

まとめると

(答) $\begin{cases} a \neq 0 \begin{cases} a \neq 2 \cdots\cdots x=a+1, y=-a \\ a=2 \cdots\cdots x+2y=-1 \end{cases} \\ a=0 \cdots\cdots\cdots\cdots\cdots x=1, y=0 \end{cases}$

答は3つの場合に分かれたが，この中には統合できるものもある．第1の場合の解で $a=0$ とおいてみよ．$x=1, y=0$ となって第3の場合の解と一致する．したがって，第3の解と第1の解はまとめることが可能．

(答) $\begin{cases} a \neq 2 \cdots\cdots x=a+1, y=-a \\ a=2 \cdots\cdots x+2y=-1 \end{cases}$

$\times$ $\times$

$$\begin{cases} (a-1)x+ay=-1 & \text{①} \\ ax+(a+2)y=-a & \text{②} \end{cases}$$

(解法2)——定理2の応用

①$\times(a+2)+$②$\times(-a)$

$$(a-2)x=(a-2)(a+1) \qquad \text{③}$$

①$\times(-a)+$②$\times(a-1)$

$$(a-2)y=-a(a-2) \qquad \text{④}$$

定理2の m, n, m', n' に当たるのは，それぞれ $a+2, -a, -a, a-1$ であって

$$mn'-m'n = (a+2)(a-1)-(-a)^2$$
$$= a-2$$

したがって，①,② と ③,④ が同値であるかないかは $a \neq 2$ か $a=2$ かによって分

かれる．

$a \ne 2$ のとき　③, ④ から

$$x = a+1, \quad y = -a$$

$a = 2$ のとき　①, ② にもどり，$a=2$ を代入すると

$$\begin{cases} x+2y=-1 \\ 2x+4y=-2 \end{cases}$$

これは $x+2y=-1$ と同値

$$（答）\begin{cases} a \ne 2 \cdots\cdots x=a+1,\ y=-a \\ a=2 \cdots\cdots x+2y=-1 \end{cases}$$

×　　　　　　　　　　　　　×

このように場合分けは，解き方によって，すなわち，どんな定理を用いるかによって異なる．定理1はシンプルであるが，それを応用した解では場合分けが3つで，答の統合が起きた．定理2は複雑ではあるが，解法では強力で，答の統合は起きない．

5　どう指導するか

以上の2つの解き方は n 元の連立1次方程式の場合へ一般化することができる．解法1を一般化したものは**ガウスの掃出法**で，解法2は**クランメルの公式**につながる．

ガウスの掃出法は，数係数のものを解くのに適しているが，文字係数のものは場合分けが多くなるので不向きである．クランメルの公式は行列式の知識が必要であるから高校では無理である．

×　　　　　　　　　　　　　×

2元ならば，同値に関する定理1, 2を応用した解は高校でも可能であるが，3元では数係数の場合はよいが，文字係数のものは無理だとすると，別の指導法を考えなければならない．

方程式の解法は，論理的にみて，次の2つに分類できよう．

(i) **つねに同値を保って解く.** この解き方によれば,最後の結果は求める解になるので,解きっぱなしでよい.

(ii) **同値を無視し,必要条件を次々に求めて解く.** この解き方では,解の一部分を失うことはないが,余分なものがはいり込む恐れがつねにある.したがって,最後の結果をもとの方程式に代入し,適するものだけを選び出さなければならない.つまり,ふつう検算と称しているものを解法の中に組み入れなければならない.

文字係数のものは,(ii)によるのが高校の数学の限界ではないかと思う.

× ×

質問の手紙にあげてある3元の連立方程式を(ii)によって解き,返事に代えることにしよう.

a, b が実数のとき

$$\begin{cases} ax+by=1 & ① \\ ay+bz=1 & ② \\ az+bx=1 & ③ \end{cases}$$

を解け.

加減法を繰返し用い,とにかく,x, y, z の値を求める

②$\times a -$③$\times b$

$$a^2 y - b^2 x = a - b \qquad ④$$

①$\times a^2 -$④$\times b$

$$(a^3+b^3)x = a^2-ab+b^2$$

a, b は実数であるから $a^3+b^3=0$ は $a+b=0$ と同値である.そこで $a+b$ が0かどうかによって,場合を分ける.

$a+b \neq 0$ のとき

④から
$$x = \frac{1}{a+b}$$

同様にして y, z を求める.もとの方程式で,x, y, z をサイクリックに入れかえると

方程式①,②,③がサイクリックにいれかわる.このいれかえを1回行えば,上の計算は次の計算にかわる.

③$\times a$ー①$\times b$
$$a^2 z - b^2 y = a - b \qquad ④'$$

②$\times a^2$ー④$'\times b$
$$(a^3 + b^3)y = a^2 - ab + b^2$$
$$y = \frac{1}{a+b}$$

もう1回,いれかえを行うと

①$\times a$ー②$\times b$
$$a^2 x - b^2 z = a - b \qquad ④''$$

③$\times a^2$ー④$''\times b$
$$(a^3 + b^3)z = a^2 - ab + b^2$$
$$z = \frac{1}{a+b}$$
$$\therefore \quad x = y = z = \frac{1}{a+b}$$

これはもとの方程式をみたすから求める解である.

$a+b=0$ のとき

$b=-a$ をもとの方程式に代入して
$$a(x-y)=1, \quad a(y-z)=1, \quad a(z-x)=1$$

これらの3式を加えると
$$0 = 1$$

これには解がないから,もとの方程式にも解がない.

答 $\begin{cases} a+b \neq 0 \cdots\cdots x=y=z=\dfrac{1}{a+b} \\ a+b=0 \cdots\cdots 解がない. \end{cases}$

17
不等式と演算の閉性

1 現代化という名の演算

　数学教育の現代化が叫ばれて久しい．その実施に伴って姿をみせたものに，集合と演算と称する奇妙な教材がある．そのはしりは大学の入試であったが，やがて高校のテキストから中学のテキストへと伝染病のように拡がっていった．

　集合と演算といえば，縁の深いのは群論のはずであるのに，群は置き去りである．群から離反した「集合と演算」が，群の考えを与えるといったアイマイな目標のもとに導入してみたところで，浅瀬に乗り上げた船に似て，動きがとれなくなることは目に見えていよう．「あれもこれも」と欲張ることは，とかく「あれもこれも失う」結果になりやすい．過去の実績が物語っている．

×　　　　　　　　　×

　現在の中高の数学の中には，旧教材との統一をもて余し，旧教材との間に不調音を絶えず発しているものが少なくない．写像がその代表であろう．集合と演算もそれ劣らない．学生はその違和感に気づきながらも，入試という大義名分には勝てず，黙々と問題に取り組まざるを得ない．参考書は，この学生の切実な悩みに答えるどころか，助長させているような気がしてならない．ある本は新傾向問題の名でかき集め，

ある本は集合の名のもとに席を与える．ガラクタを物置にほうり込むような取り扱いに生産的成果を期待することは無理であろう．

×　　　　　　　　　　×

　集合と演算の名のもとに，いろいろの演算が作り出された．その演算を表わすための記号も多彩なのには驚かされる．その無方針さは高校入試において際立っているが，その話は今回の目標ではない．新奇の演算やその記号を作り出す前に足もとをかためるのが今回の目標である．

　ここで「足もと」とは実数の演算のことである．実数には四則演算がある．それを部分集合で見直すことは，地味ではあるが，高校の教材としては十分意義のあるような気がする．

2 不等式と関数

　1つの集合Gの任意の要素にある演算を行った結果がGに属するとき，集合Gはその演算について閉じているという．これを簡単に演算の**閉性**と呼ぶことにしよう．

　不等式の大部分は，関数の 単調性, 凹凸, 最大・最小 などと関係が深い．そこで当然，不等式の証明にはこれらが応用される．

　このほかに，不等式のなかには，関数の定義域が演算の閉性と深くかかわり合うものがある．

$$\text{不等式}\begin{cases}\text{(i)}\ \ \text{関数の単調性}\\ \text{(ii)}\ \ \text{関数の凹凸}\\ \text{(iii)}\ \ \text{関数の最大・最小}\\ \text{(iv)}\ \ \text{関数の定義域の閉性}\end{cases}$$

実例でみると，不等式

$$\frac{a}{1+a}+\frac{b}{1+b}\geqq\frac{a+b}{1+a+b}\qquad(a,b>0)$$

は，関数 $f(x)=\dfrac{x}{1+x},\ \dfrac{f(x)}{x}=\dfrac{1}{1+x}$ の単調性と関係がある．

不等式
$$\frac{a^3+b^3}{3} \geq \left(\frac{a+b}{3}\right)^3 \quad (a, b \in R)$$
は，関数 $f(x)=x^3$ の凹凸との関係が深い．

不等式
$$\frac{x^{n+1}-1}{n+1} \geq \frac{x^n-1}{n} \quad (n \in N, x>0)$$
は関数 $f(x)=nx^{n+1}-(n+1)x^n+1 \ (x>0)$ の最小値が 0 なることと関係がある．

今回の話題の焦点は最後の(iv)の場合である．

3 実数の集合と演算

不等式と縁の深い数は実数であるから，この部分集合で演算について閉じているものに目を向けてみる．

実数全体 R は加法について閉じている．

R の区間のうちで，加法について閉じているのは正の数全体，負の数全体である．さらに一般化すると，k を正の数とするとき，
$$[k, \infty), \quad (-\infty, -k]$$
$$(k, \infty), \quad (-\infty, -k)$$
は条件に合う．

　　　　　　　　×　　　　　　　　　　　　　×

乗法でみると R 自身は閉じている．R の区間のうちでみると，$k>1$ のとき
$$[k, \infty), \quad (k, \infty)$$
が条件をみたすが，この代表として
$$[1, \infty), \quad (1, \infty)$$
をとれば十分である．

このほかに

$$[0,1], \quad [0,1), \quad (0,1], \quad (0,1)$$

がある．正負にまたがる区間としては

$$[-1,1], \quad (-1,1)$$

が重要である．

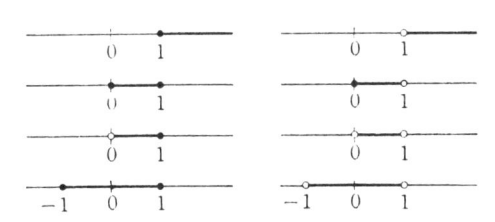

これらの区間が乗法について閉じていることの証明は，高校1年程度の教材にふさわしいであろう．

4 不等式と演算の閉性

不等式のうちで，実数の演算の閉性と特に関係の深い問題を大学入試からひろい出してみる．

例1

0より大きく1よりも小さい n 個の実数 $a_1, a_2, \cdots, a_n$ に対して，

$$1-(a_1 a_2 \cdots a_n)$$

と

$$(1-a_1)(1-a_2)\cdots(1-a_n)$$

とはどちらが大きいか．ただし n は2以上とする．

(名工大)

2式の大小が予測できれば不等式の証明にかわる．大小の予測は数値の代入によればよい． $n=3, a_1=a_2=a_3=\dfrac{1}{2}$ とおいてみると

$$\text{第 1 式}=1-\left(\frac{1}{2}\right)^3=\frac{7}{8}, \quad \text{第 2 式}=\left(\frac{1}{2}\right)^3=\frac{1}{8}$$
$$\text{第 1 式}>\text{第 2 式}$$

そこで，$0<a_1, a_2, \cdots\cdots, a_n<1$ のとき

$$1-(a_1a_2\cdots\cdots a_n)>(1-a_1)(1-a_2)\cdots\cdots(1-a_n)$$

の証明に帰した．

$$\times \qquad\qquad\qquad \times$$

両辺の式の形を眺め，構造的にとらえると，関数 $f(x)=1-x$ $(0<x<1)$ に関係の深いことに気付く．そこで，証明することがらを関数を用い整理してみる．

関　数　　$f(x)=1-x$
定義域　　$D=(0,1)$
値　域　　$V=(0,1)$

証明することは，$n\geqq 2$ のとき

$$f(a_1a_2\cdots\cdots a_n)>f(a_1)f(a_2)\cdots\cdots f(a_n)$$

帰納的に証明をさぐってみる．

$n=2$ のとき，$a_1, a_2\in D$ とすると

$$\begin{aligned}
f(a_1)f(a_2)&=(1-a_1)(1-a_2)\\
&=1-a_1-a_2+a_1a_2\\
&=1-a_1a_2-a_1(1-a_2)-a_2(1-a_1)\\
&=f(a_1a_2)-a_1f(a_2)-a_2f(a_1)
\end{aligned}$$

定義域と値域とから $a_1f(a_2)>0$, $a_2f(a_1)>0$,

$$\therefore \quad f(a_1)f(a_2)<f(a_1a_2) \qquad\qquad\qquad ①$$

$n=3$ のとき，$a_3\in D$ とすると $f(a_3)>0$，①の両辺に $f(a_3)$ をかけて

$$f(a_1)f(a_2)f(a_3)<f(a_1a_2)f(a_3)$$

ここで，右辺に証明済みの①を用いるには，$a_1a_2\in D$ が必要．幸いにして，**D は乗法について閉じている**から

$$a_1 \in D,\ a_2 \in D \quad \Rightarrow \quad a_1 a_2 \in D$$

$a_1 a_2,\ a_3$ はともに D に属することから

$$f(a_1 a_2) f(a_3) < f(a_1 a_2 a_3)$$
$$\therefore\ f(a_1) f(a_2) f(a_3) < f(a_1 a_2 a_3)$$

同様の証明をくり返せば目的が達せられる．数学的帰納法による証明は課題として残しておこう．

　　　　　　　　　×　　　　　　　　　　　　　　×

上の証明をみると，主役を演じたのは関数の増減や凹凸ではなく，定義域が乗法について閉じていることである．似た問題をもう1つあげてみる．

——— 例 2 ———

$|a|<1, |b|<1, |c|<1$ のとき，次の不等式を証明せよ．

$$a+b+c < abc+2$$

関数と無縁に見えるが，事実はそうでない．両辺の符号をかえてから 3 を加えると

$$(1-a)+(1-b)+(1-c) > 1-abc$$

関数 $f(x)=1-x$ ($|x|<1$) との関係を発見して驚く．

$$f(a)+f(b)+f(c) > f(abc)$$

n 個の数の場合への一般化はやさしい．

関　　数　　$f(x)=1-x$
定　義　域　　$D=(-1, 1)$
値　　域　　$V=(0, 2)$

証明することは，$a_1, a_2, \ldots, a_n \in D$ のとき

$$f(a_1)+f(a_2)+\cdots +f(a_n) > f(a_1 a_2 \cdots a_n)$$

前と同様に，帰納的証明に当ってみる．

$n=2$ のとき，$a_1, a_2 \in D$ とすると

$$f(a_1)+f(a_2)-f(a_1a_2)$$
$$=(1-a_1)+(1-a_2)-(1-a_1a_2)$$
$$=1-a_1-a_2+a_1a_2$$
$$=(1-a_1)(1-a_2)=f(a_1)f(a_2)>0$$
$$\therefore \quad f(a_1)+f(a_2)>f(a_1a_2) \qquad ①$$

$n=3$ のとき，さらに $a_3 \in D$ とすると，$f(a_3)$ を①の両辺に加えて

$$f(a_1)+f(a_2)+f(a_3)>f(a_1a_2)+f(a_3)$$

この右辺に①をあてはめようとすると，D は**乗法について閉じている**ことがきく．

$$a_1 \in D, \ a_2 \in D \ \Rightarrow \ a_1a_2 \in D$$

$a_1a_2 \in D$, $a_3 \in D$ ならば①は使えて

$$f(a_1a_2)+f(a_3)>f(a_1a_2a_3)$$
$$\therefore \quad f(a_1)+f(a_2)+f(a_3)>f(a_1a_2a_3)$$

先が見えた．これを少し書きかえれば，数学的帰納法の証明になる．

×   ×

例にあげた2つの不等式は乗法について閉じていることに関連の深いものであった．このほかに加法について閉じていることに関連の深いものもある．次の例は平凡ではあるが応用は広い．

―――― 例3 ――――

$a_1, a_2, \ldots, a_n$ が正の数のとき，次の不等式を証明せよ．
$$(1+a_1)(1+a_2)\cdots(1+a_n)>1+a_1+a_2+\cdots+a_n$$

――――

関数として $f(x)=1+x$，定義域として $(0, \infty)$ をとると，

$$f(a_1)f(a_2)\cdots\cdots f(a_n)>f(a_1+a_2+\cdots\cdots+a_n)$$

証明は取りあげるほどのものではない．

×   ×

例3で $a_1=a_2=\cdots\cdots=a_n=a$ とおくと

$$a>0 \text{ のとき } (1+a)^n>1+na$$

となって，極限を求めるときに有用な不等式が得られる．

また a が 1 にくらべて十分小さいときは，近似式

$$(1+a)^n \fallingdotseq 1+na$$

を与える．

5 ある入試問題について

不等式には，等号の成り立つギリギリのところまでとらえたものとそうでないものとがある．

たとえば，不等式

$$(a+b)\left(\frac{1}{a}+\frac{1}{b}\right) \geqq 4 \qquad (a, b>0)$$

は等号の成り立つ場合がある．これに $a \neq b$ を追加すれば

$$(a+b)\left(\frac{1}{a}+\frac{1}{b}\right) > 4 \qquad (a, b>0, a \neq b)$$

となるが，両辺の値は限りなく近づけることができる．しかし

$$(a+b)\left(\frac{1}{a}+\frac{1}{b}\right) > 3 \qquad (a, b>0)$$

と改めたとすると，両辺の値の差は 1 より小さくはならない．

さて，それでは次の例はどうか．

―――― 例4 ――――

$a \geqq 2, b \geqq 2, c \geqq 2, d \geqq 2$ のとき

$$abcd > a+b+c+d$$

であることを証明せよ．

(名古屋大)

両辺の商によると証明はやさしい．

$$\frac{a+b+c+d}{abcd}=\frac{1}{bcd}+\frac{1}{acd}+\frac{1}{abd}+\frac{1}{abc}$$

この式は関数としてみると，a, b, c, d についての減少関数であるから，$a=b=c=d=2$ のとき最大になる．

$$\frac{a+b+c+d}{abcd} \leqq \frac{1}{2^3} \times 4 = 2 > 1$$
$$\therefore \quad abcd > a+b+c+d$$

×   ×

上の証明から推測して，両辺の値の差を限りなく0に近づけることはできそうもない．ギリギリのところを知るため $a=b=c=d=2$ とおいてみると，左辺は16，右辺8で，両辺には8の開きがある．このことから考えては

$$abcd-8 \geqq a+b+c+d$$

と修正しても成り立つことが予想されよう．

しかも，この改作によって，関数的に表現する道が開ける．

$$abcd-16 \geqq a-2+b-2+c-2+d-2$$

$$16\left(\frac{abcd}{16}-1\right) \geqq 2\left(\frac{a}{2}-1\right)+2\left(\frac{b}{2}-1\right)+2\left(\frac{c}{2}-1\right)+2\left(\frac{d}{2}-1\right)$$

ここで $\frac{a}{2}=a_1, \frac{b}{2}=a_2, \frac{c}{2}=a_3, \frac{d}{2}=a_4$ とおくと

$$8(a_1 a_2 a_3 a_4 - 1) \geqq (a_1-1)+(a_2-1)+(a_3-1)+(a_4-1)$$

これで関数との関係が見えて来た．

 関　　数 $f(x)=x-1$

 定 義 域 $D=[1, \infty)$

 値　　域 $V=[0, \infty)$

不等式は $a_1, a_2, a_3, a_4 \in D$ のとき

$$2^3 f(a_1 a_2 a_3 a_4) \geqq f(a_1)+f(a_2)+f(a_3)+f(a_4)$$

一般化すれば,
$$2^{n-1}f(a_1a_2\cdots a_n) \geqq f(a_1)+f(a_2)+\cdots+f(a_n)$$

本当に成り立つだろうか.

$n=1$ のときは明らか.

$n=2$ のとき
$$\begin{aligned}&2f(a_1a_2)-f(a_1)-f(a_2)\\&=2(a_1a_2-1)-(a_1-1)-(a_2-1)\\&=a_1(a_2-1)+a_2(a_1-1)\geqq 0\\\therefore\ &2f(a_1a_2)\geqq f(a_1)+f(a_2)\end{aligned} \qquad ①$$

$n=3$ のとき,

①の左辺には $2f(a_3)$, 右辺には $f(a_3)$ を加えて
$$2\{f(a_1a_2)+f(a_3)\}\geqq f(a_1)+f(a_2)+f(a_3)$$

D は乗法について閉じているから, a_1, a_2 が D に属すれば a_1a_2 も D に属する. そこで a_1a_2 と a_3 に対し, ①を用いると
$$\begin{aligned}&2f(a_1a_2a_3)\geqq f(a_1a_2)+f(a_3)\\\therefore\ &2^2f(a_1a_2a_3)\geqq f(a_1)+f(a_2)+f(a_3)\end{aligned}$$

さらに, 左辺には $2^2f(a_4)$, 右辺には $f(a_4)$ を加え, ①を使うと $n=4$ のときが証明される. これで, 数学的帰納法のメドがついた.

18
特性関数の効用

1 はじめに

集合算といえば，ふつうは集合の演算——交わり，結び，補集合，差 など——に関する計算のことであろう．ところが，小学や中学ではそうでないらしく，集合の要素の個数に関する計算が巾をきかしておりその中心になるのは，公式

$$m(A\cup B)=m(A)+m(B)-m(A\cap B)$$

の応用らしい．とくに，数年前までは，このような考えが常識として一部分に定着していたようである．

高校にも似た傾向はあったが，最近，教科書が，この公式を和の公式として個数の処理（本によっては場合分け）の中に位置づけるようになって以来，その傾向は修正されつつある．

×　　　　　　　　　　×

上の個数の式は，ベン図から簡単に導かれるので，指導上の困難は少ない．

$$\begin{aligned}m(A\cup B)&=a+b+p\\&=(a+p)+(b+p)-p\\&=m(A)+m(B)-m(A\cap B)\end{aligned}$$

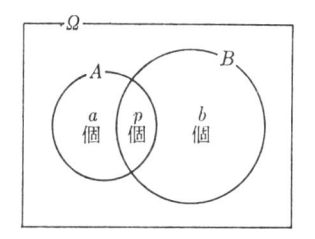

18. 特性関数の効用 **149**

集合が3つのときの公式も，ベン図に計算を併用すれば，同様の導き方が可能であろう．

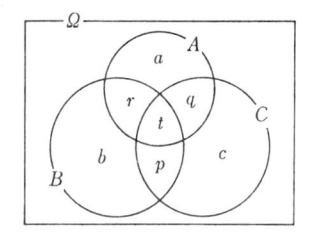

$$m(A \cup B \cup C) = a+b+c+p+q+r+t$$

$$= (a+q+r+t)+(b+r+p+t)+(c+p+q+t)$$
$$-(p+t)-(q+t)-(r+t)+t$$
$$= m(A)+m(B)+m(C)-m(B \cap C)-m(C \cap A)$$
$$-m(A \cap B)+m(A \cap B \cap C)$$

しかし，この証明は，いかにも計算にモノをいわせた腕ずくの感が強い．それに4つの場合へ，さらに n 個への場合へと一般化する道はけわしい．

そこで高校では，集合が2つの場合の公式をもとにして集合が3つの場合の公式を導くことを指導する先生方もおる．

$$m(A \cup B \cup C) = m((A \cup B) \cup C)$$

$$= m(A\cup B) + m(C) - m((A\cup B)\cap C)$$

再び，2つの場合の公式を用いようとすると，最後の項で，集合算の分配律の必要が起きる．

$$(A\cup B)\cap C = (A\cap C)\cup(B\cap C)$$
$$m((A\cup B)\cap C) = m(A\cap C) + m(B\cap C)$$
$$- m((A\cap C)\cap(B\cap C))$$

これを簡単にしようとするとき，べき等律も知らねばならない．

$$(A\cap C)\cap(B\cap C) = A\cap B\cap(C\cap C) = A\cap B\cap C$$

集合算の法則を習うことは習ったとしても身についていない学生には無理な証明であろう．

また，仮に，この証明がわかったとしても，n個の集合のときの公式を導く手がかりは得られそうもない．

集合が2つのときの公式と3つのときの公式から，n個のときの公式を

$$m(A\cap B\cap C\cap\cdots)$$
$$= \sum m(A) - m\sum(A\cap B) + \sum m(A\cap B\cap C)$$
$$- \cdots + (-1)^{n-1}m(A\cap B\cap C\cap\cdots)$$

と類推すること自身はそれほど困難でなかろう．しかし，これを数学的帰納法によって検証するのは楽でない．

×   ×

かなり前のことではあるが，数学教育のある研究グループで，M氏が次のような証明を得意になって説明しているのに出会ったことがある．

$$\Omega - A\cup B = (\Omega - A)\cap(\Omega - B) \tag{1}$$

右辺を展開して

$$\Omega - A\cup B = \Omega - A - B + A\cap B \tag{2}$$

ここで両辺の個数をとり

$$m(\Omega)-m(A\cup B)$$
$$=m(\Omega)-m(A)-m(B)+m(A\cap B) \qquad ③$$

両辺から $m(\Omega)$ を略し，符号をかえ

$$m(A\cup B)=m(A)+m(B)-m(A\cap B)$$

これを一般化して，n 個の公式を導いた．

×   ×

そこで私は質問した．

「①はよく見かける式で，わかるが，②はめずらしい．この式の中の + はどんな演算か」

彼はあわててベン図を書き出した．しばらく考えていたが，突然ムッとした顔をしたかと思うと

「ボクは集合には弱いので，よく分らないが，これはT先生の証明です」

権威主義の嫌いな研究グループの指導者が，大学教授の権威を持ち出し「お前はけしからん」といわんばかりの顔をしたのを今でも昨日の出来事のように思い出す．

①は補集合の記号で表わすと

$$\overline{A\cup B}=\overline{A}\cap\overline{B}$$

で，ド・モルガンの法則そのものである．

一方，集合の差の定義によって

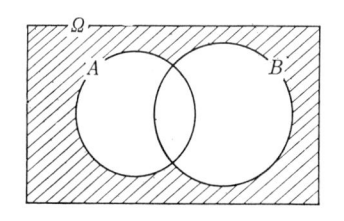

$$\Omega-A\cup B=\Omega-A-B$$

が正しいことも簡単に説明できる．そうだとすると，②の式の右辺の $+A\cap B$ は $+$ をかりに直和の意味にとったとしても余分なもので，②は一般には成り立たない．まして②の $-, +$ と③の中の $-, +$ との区別もはっきりしないというのでは話にならない．

2 特性関数の登場

集合の演算に関する公式と，個数に関する公式の混同はあったとしても，先の話題が無益ではなさそうである．

個数に関する公式

$$m(\Omega)-m(A\cup B)$$
$$=m(\Omega)-m(A)-m(B)+m(A\cap B) \qquad ①$$

と，集合に関する公式

$$\Omega-A\cup B=(\Omega-A)\cap(\Omega-B) \qquad ②$$

とを眺めていると「両者の間に深い関係があるのではないか」と誰でも疑問を抱くだろう．②の右辺が展開できるならば，①の右辺に一層近づくような気がする．しかし，残念ながら，②の右辺を展開する知識を持たない．

②の中の $-$ を実数の減法と同じとみて，展開を形式的に行えば

$$\Omega\cap\Omega-A\cap\Omega-\Omega\cap B+A\cap B$$

ここで集合算の公式

$$\Omega\cap\Omega=\Omega, \quad A\cap\Omega=A, \quad \Omega\cap B=B$$

を用いると

$$\Omega-A-B+A\cap B$$

となり，①の右辺に近づく．これM氏の公式の右辺と同じもので，計算の形式的拡張の産物に過ぎず，内容がともなわない．内容不存の形式的拡張は，ハンケルの形式不易の法則とは縁の遠いものであろう．

　　　　　　　×　　　　　　　　　　　　×

さて，それでは，公式①と②を正しく結びつけるものは何か．それが実は**特性関数**と称する，集合に縁の深い関数なのである．

この関数はすでに大学の入試に現れたことがある．それを紹介した上で，この関数の解説にはいることにしよう．

---- 例 ----

実数を要素とする各集合 X に対して，関数 $f_X(x)$ を

$$f_X(x) = \begin{cases} 1 & (\text{実数 } x \text{ が } X \text{ に属するとき}) \\ 0 & (\text{実数 } x \text{ が } X \text{ に属さないとき}) \end{cases}$$

と定義する．A, B をともに実数を要素とするとき，次のそれぞれを $f_A(x), f_B(x)$ の式で表わせ．

（例） $f_{\bar{A}}(x) = 1 - f_A(x)$

(1) $f_{A \cap B}(x)$ 　　(2) $f_{A \cup B}(x)$

(明治大)

この例に現れる特性関数が実変数の関数として与えられているのは，高校生の予備知識を考慮したためであろう．一般の特性関数は任意の集合について考える．

×　　　　　　　　　　　　×

たとえば，1つの集合

$$\Omega = \{p, q, r, s, t, u, v\}$$

を固定しておき，この部分集合を

$$A = \{p, r, s, u\}$$

としよう．ここで Ω を変域とする変数 x に対して，x が A に属するならば，x に1を対応させ，x が A に属さないならば，x に0を対応させる．$T = \{0, 1\}$ とおくと，この対応は

$$\Omega \text{ から } T \text{ への関数}$$

を与える．

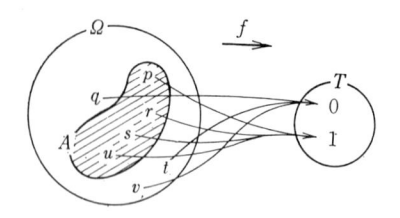

この関数を f で表わすと

$$f(p)=f(r)=f(s)=f(u)=1$$
$$f(q)=f(t)=f(v)=0$$

× ×

このようにして作る関数は，Ω の部分集合として $B=\{q,r,v\}$ を選んだとすると，次の図の対応になるので，f とは別のものになる．

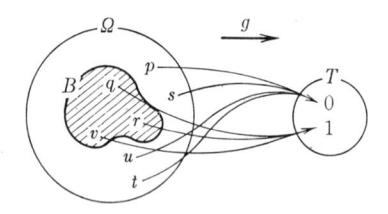

この関数を g で表わすと

$$g(q)=g(r)=g(v)=1$$
$$g(p)=g(s)=g(t)=g(u)=0$$

これらの例からわかるように，特性関数は部分集合に対応して1つずつ定まるから，これを表わすのに f,g などと別の文字を用いるよりは，部分集合 X に対応して定まるものは f_X と表わすのが合理的であることがわかる．

この表わし方を用いることによって，はじめて，$f_{\bar{A}}, f_{A\cap B}, f_{A\cup B}$ などと f_A, f_B と

の関係を手にとるように読みとる道が開かれるのである.

× ×

一般に全体集合を Ω, Ω の部分集合を X, Ω の任意の要素を x とするとき

$$f_X(x) = \begin{cases} 1 & (x \in X) \\ 0 & (x \notin X) \end{cases}$$

によって定義した関数 f_X を, X の**特性関数**というのである.

この定義から, f_A と f_B が関数として等しくなるのは $A = B$ のときに限ることがわかる.

$$f_A = f_B \iff A = B$$

また, f_X が**定値関数**になるのは, X が全体集合 Ω のときと, 空集合 ϕ のときである. すなわち, x のすべての値に対して

$$f_\Omega(x) = 1, \quad f_\phi(x) = 0$$

が成り立つ.

3 特性関数の性質

特性関数の性質のうちわれわれの興味をひくのは, 集合の演算との関係である. それを簡単なものから当ってみる.

(i) 補集合との関係

集合 A に対する特性関数 f_A と, A の補集合 $\bar{A}$ に対する特性関数 $f_{\bar{A}}$ との間にはどんな関係があるか.

$x \in A$ ならば $x \notin \bar{A}$ だから

$$f_A(x) = 1 \quad \text{ならば} \quad f_{\bar{A}}(x) = 0$$

$x \notin A$ ならば $x \in \bar{A}$ だから

$$f_A(x) = 0 \quad \text{ならば} \quad f_{\bar{A}}(x) = 1$$

この2つの結果から

$$f_{\bar{A}}(x) = 1 - f_A(x)$$

(ii) 交わりとの関係

$f_{A\cap B}$ と f_A, f_B の間にはどんな関係があるか. Ω の任意の要素を x とすると, x は A に属するかどうか, B に属するかどうかによって, 4つの場合が起きる. その4つの場合の $f_A(x), f_B(x), f_{A\cap B}(x)$ の値を実際に求め, 表にまとめてみれば, これらの関係が読みとれよう.

$$x\in A,\ x\in B\ \text{のとき}\quad x\in A\cap B$$

$$\left.\begin{array}{l} x\in A,\ x\notin B\ \text{のとき} \\ x\notin A,\ x\in B\ \text{のとき} \\ x\notin A,\ x\notin B\ \text{のとき} \end{array}\right\}\quad x\notin A\cap B$$

これらを特性関数の値で表わすと

$$f_A(x)=1,\ f_B(x)=1\ \text{のとき}\quad f_{A\cap B}(x)=1$$

$$\left.\begin{array}{l} f_A(x)=1,\ f_B(x)=0\ \text{のとき} \\ f_A(x)=0,\ f_B(x)=1\ \text{のとき} \\ f_A(x)=0,\ f_B(x)=0\ \text{のとき} \end{array}\right\}\quad f_{A\cap B}(x)=0$$

これらの結果は, ただ1つの等式

$$f_{A\cap B}(x)=f_A(x)f_B(x)$$

によって総括される. 右辺の乗法は実数の乗法そのものである.

(iii) 結びとの関係

$f_{A\cup B}$ と f_A, f_B の間の関係はどうか. 上の結果を無視し独立に考えるようでは集合算の本質にそわない. 集合算の知識によれば, すべての演算は, 交わりと補集合で表わされた. 結びを交わりと補集合で表わすことをわれわれに教えてくれるのがド・モルガンの法則である.

$$\overline{A\cup B}=\overline{A}\cap\overline{B}\quad\text{から}\quad A\cup B=\overline{\overline{A}\cap\overline{B}}$$

これを特性関数に用いると

$$f_{A\cup B}(x)=f_{\overline{\overline{A}\cap\overline{B}}}(x)$$

前に導いた公式が役に立つ．(i), (ii) の結果をくり返し用いて

$$\begin{aligned}
f_{A\cup B}(x) &= 1 - f_{\bar{A}\cap\bar{B}}(x) \\
&= 1 - f_{\bar{A}}(x) f_{\bar{B}}(x) \\
&= 1 - (1 - f_A(x))(1 - f_B(x)) \\
&= f_A(x) + f_B(x) - f_A(x) f_B(x)
\end{aligned}$$

これで目的を達したが，(ii)の結果を逆に用いて右辺をかきかえ

$$f_{A\cup B}(x) = f_A(x) + f_B(x) - f_{A\cap B}(x)$$

とすれば，個数に関する公式を暗示しよう．そのことはあとで取り挙げることにし，いままでの結果を，ひとまずまとめることにしよう．

特性関数の性質

(i) $f_{\bar{A}}(x) = 1 - f_A(x)$

(ii) $f_{A\cap B}(x) = f_A(x) f_B(x)$

(iii) $f_{A\cup B}(x) = 1 - (1 - f_A(x))(1 - f_B(x))$
$\qquad\qquad = f_A(x) + f_B(x) - f_A(x) f_B(x)$
$\qquad\qquad = f_A(x) + f_B(x) - f_{A\cap B}(x)$

これらの公式の長所は，一般化の容易な点にある．式は簡単なほどよいから $f_A(x) = a, f_B(x) = b$ などと表わすことにすると

(ii) $f_{A\cap B}(x) = ab$

3つの集合へ拡張すると

$$f_{A\cap B\cap C}(x) = abc$$

さらに n 個の集合を $A, B, C, \cdots, K$ とするならば

$$f_{A\cap B\cap \cdots \cap K}(x) = ab\cdots k$$

(ii) $f_{A\cup B}(x) = 1 - (1-a)(1-b)$
$\qquad\qquad = a + b - ab$

3つの集合のときは

$$f_{A\cup B\cup C}(x)=1-(1-a)(1-b)(1-c)$$
$$=a+b+c-ab-ac-bc+abc$$

これらの例から n 個の集合のときの式を予想するのは困難でない.

$$f_{A\cup B\cup \cdots \cup K}(x)=1-\{(1-a)(1-b)\cdots(1-k)\}$$
$$=\sum a-\sum ab+\sum abc-\cdots$$
$$\cdots+(-1)^{n-1}(ab\cdots k)$$

いよいよ，目標の公式——個数に関する公式を導くときが来た．

4 個数を数える関数

特性関数 $f_A(x)$ の値が1ならば赤玉，値が0ならば白玉の出るブラックボックスを作ってみよう．x を Ω 全域で動かし，最後に赤玉の数を調べれば，それは集合 A の要素の個数でもある．

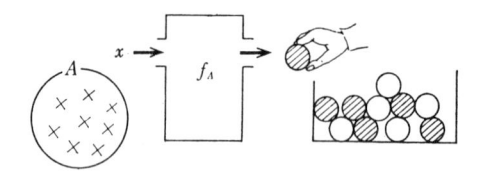

見方をかえれば，$f_A(x)$ は集合 A の要素の個数を数える関数のようなものである．x を Ω 全域で動かし，$f_A(x)$ の値を集計すれば A の要素の個数 $m(A)$ になる．すなわち

$$m(A)=\sum f_A(x)$$

$\sum$ の下に $x\in\Omega$ をつけるべきであろうが，式が複雑になるから略した．

たとえば $\Omega=\{p, q, r, s, t, u, v\}$ の部分集合を $A=\{p, r, t, s, u\}$ とすると

$$m(A)=f(p)+f(q)+f(r)+f(s)+f(t)+f(u)+f(v)$$

$$=1+0+1+1+1+1+0$$
$$=5$$

× ×

特性関数のこの性質を，公式

$$f_{A\cup B}(x)=f_A(x)+f_B(x)-f_{A\cap B}(x)$$

に用いてみよ．Ω が有限集合のとき，Ω のすべての要素を x に代入し，それらの式の両辺をそれぞれ加えると

$$\sum f_{A\cup B}(x)=\sum f_A(x)+\sum f_B(x)-\sum f_{A\cap B}(x)$$

すなわち

$$m(A\cup B)=m(A)+m(B)-m(A\cap B)$$

となって，待望の公式が導かれた．

× ×

同様の計算を3個の集合のときに，さらに n 個の集合のときに試みるのはやさしい．読者の楽しみとして残しておこう．

「ヒョウタンからコマが出る」のことわざがある．特性関数から個数の公式，すなわち和の法則が出た．特性関数は，このような応用へ進んでみないと，本当の興味がわいてこない．

19
パラメータ表示でとちる

ある日，ある高校のある教室の授業風景 …… 円のパラメータ表示がはじまった．

先生 前に直線のパラメータ表示を学んだ．きょうは円について同じことを考えてみる．

といいながら，先生は黒板に，原点を中心に半径 a の円をかいた．

先生 この円の方程式は？ 島田．

島田 $x^2+y^2=a^2$ です．

$$x^2+y^2=a^2 \qquad ①$$

先生 この円上の任意の点を P，その座標を (x,y) とすると，動径 OP が x 軸となす角が定まる．この角を t とすると，x, y は t によってどう表されるか．宮本

宮本 $x=a\cos t,\ y=a\sin t$

先生 そう．t が変れば x, y も変り，点 P は円上を動く．だから，この方程式は円を表す．これが，この円のパラメータ表示で，パラメータは t, t は任意の実数でもよい．しかし，点 P は円上を一周すれば十分だから 0 から 2π まで，ただし 2π は 0 と重複するから除いた範囲でも十分だ．

といいながら 先生は $0 \leqq t < 2\pi$ を追加した．

$$\begin{cases} x=a\cos t \\ y=a\sin t \end{cases} \quad (0 \leqq t < 2\pi) \qquad ②$$

19. パラメータ表示でとちる **161**

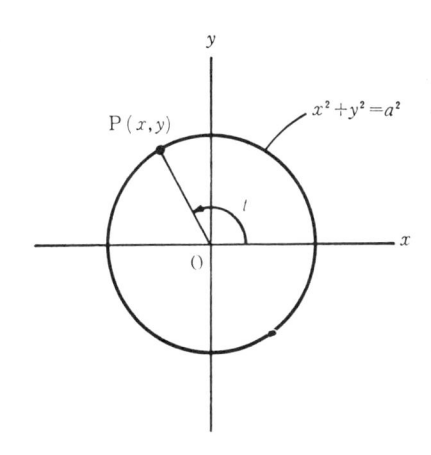

先生 ①も②も同じ円を表すから①と②は同値な方程式ですよ．気になるなら②を平方して加えてみればよい．

$$x^2+y^2=(a\cos t)^2+(a\sin t)^2$$
$$=a^2(\cos^2 t+\sin^2 t)$$

$\cos^2 t+\sin^2 t=1$ だから

$$x^2+y^2=a^2$$

となって①と一致する．①から②を導くことは，先にやったが，図を用いた．図を用いず式だけで導くこともできる．それを，これからやってみよ．

....

しばらくして，最前列のこがらな豆田が手を挙げながら，先生！ と一声．

先生 どうした．豆田．

豆田 質問です．①と②が同値なら，①から②が出るのでしょう．

先生 あたりまえだ．

豆田 それが，へんです．

先生 なにがへんだ．

豆田 余分なものが出るのです．$x^2+y^2=a^2$ から $-a\leq x\leq a$，それで $x=a\cos t$ $(0\leq t<2\pi)$ とおき，代入すると，y が2つ出ます．

先生は気にするようすもなく代入してみた．

$$a^2\cos^2 t+y^2=a^2$$
$$y^2=a^2(1-\cos^2 t)$$
$$y^2=a^2\sin^2 t$$
$$y=\pm a\sin t$$

豆田 $-a\sin t$ がじゃまです．

先生はあわてず，なんだ，そのことかといった調子で，よく見かける説明をはじめた．

先生 この場合は …… マイナスを角へ移せばよいのだ．cos は偶関数で，sin は奇関数だから ……

$$\begin{cases} x=a\cos t=a\cos(-t) \\ y=-a\sin t=a\sin(-t) \end{cases}$$

ここで $-t$ を t' とおけば

$$x=a\cos t',\quad y=a\sin t'$$

t' を t と思えばよいから②と一致する．わかったか，豆田．

豆田 先生 t の範囲は $0\leq t<2\pi$ だから t' の範囲は $-2\pi<t'\leq 0$ です．はじめの範囲と合いません．

先生は豆田の予想外の追求にタジタジ．しかし，そこはベテラン．落ちつきを取りもどす．角を 2π ずらせばよいことに気付く．

先生 三角関数の値は角を 2π だけ増しても変らない．だから

$$x=a\cos(2\pi-t)$$
$$y=a\sin(2\pi-t)$$

こう書きかえればよいのだ．ここで $2\pi-t=t'$ と置いてごらん．t' の範囲は①と合う．

先生の説明を確めるため t' の範囲を出してみた．$-2\pi<-t\leq 0$ に 2π を加えてみた

ら

$$0 < t' \leqq 2\pi$$

よく, よくみると, 区間の端が合わない.

豆田 先生, やっぱりダメです.

先生 計算ミスだろう.

豆田 いえ違います. 0が落ちて 2π がはいるのです.

　先生はまさかとは思ったが確めてみてビックリ. 一難去って一難来たる. うまく説明できず立往生.

×　　　　　　　　　　　×

　この教室風景——作りごとではない. 実際にあった話. 形骸化した知識というのは, 学生の一質問で, あえなく崩れ去るものである. はて？　先生の説明はどこから狂い出したか.

　焦点をつけば, ① と ② を同値とみた点にある. ① は x, y に関する命題関数で, その真理集合

$$F = \{(x, y) \mid x^2 + y^2 = a^2\}$$

が円であることは疑問の余地がない. では②はどうか. t も変数だから ② は x, y, t に関する命題関数で, その真理集合

$$P = \{(x, y, t) \mid x = a\cos t, y = a\sin t, t \in [0, 2\pi)\}$$

は空間の曲線 …… くわしくはラセンの一部分である. これでは, 集合は一致せず, 2つの命題関数が同値でないのは当然である.

　一体, どこがどうなっているのか. この謎は②の式を何分眺めていようと解けるものではない. 解明の早道はパラメータ表示の根源に戻ることである.

　与えられた図形 F の実変数 t によるパラメータ表示とは, 要するに, t に平面上の点Pを対応させる写像のうち, その値域が F と完全に一致するものである. したがって, パラメータ表示を作る場合には, 値域が F と一致するように, 対応の仕方と同時に定義域 D とを定めればよいわけである.

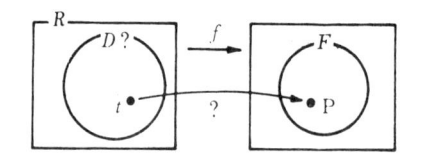

そのような写像は，くふう次第で，何個でも作りうる．われわれは，それらのうちから目的とくらべ有用なものをいくつか選び出すのである．

写像 f の値域が F であるためには，次の 2 つの条件をみたさなければならない．

(1) D の任意の t に対し $f(t)$ が F に属す．
(2) F の任意の点 P に対し，$f(t)=P, t\in D$ をみたす t が存在する．

×　　　　　　　　　×

この一般原理と照し合せて円のパラメータ表示をみると，①と②は同値になるのではなく，①と同値なのは，②に"t が存在する"をつけた存在命題，すなわち

$$\exists \begin{cases} x=a\cos t \\ y=a\sin t \end{cases} \quad (0\leq t<2\pi) \qquad ②'$$

になるのである．この命題では，t は $\exists$ がつくから束縛変数で，自由変数は x, y だけになる．したがって，真理集合は (x, y) の集合で，それが①の真理集合と一致する．見方をかえれば，①と②$'$ は同値である．

念のため ①$\Leftrightarrow$②$'$ を証明してみよう．$\Leftarrow$ の証明は，先の授業における先生の推論でよいから，$\Rightarrow$ の証明を示せば十分である．

①$\Rightarrow$②$'$ の証明

円の方程式から $y=\pm\sqrt{a^2-x^2}$

$y\geq 0$ のとき $y=\sqrt{a^2-x^2}$, $-a\leq x\leq a$

この区間の x に対して $x=a\cos a$, $0\leq a\leq \pi$ をみたす a が 1 つだけある．この a に対し $\sin a\geq 0$ だから $y=\sqrt{a^2\sin^2 a}=a\sin a$, よって角 a は②$'$ をみたす t の値である．

$y<0$ のとき $y=-\sqrt{a^2-x^2}$, $-a<x<a$.

この区間の x に対して $x=a\cos\beta$, $0<\beta<\pi$ をみたす β が1つだけある．この β に対して $\sin\beta>0$ だから

$$y=-\sqrt{a^2\sin^2\beta}=-a\sin\beta=a\sin(2\pi-\beta)$$

一方　$x=a\cos\beta=a\cos(2\pi-\beta)$

$2\pi-\beta$ の範囲は $\pi<2\pi-\beta<2\pi$ であるから，角 $2\pi-\beta$ は②′をみたす t の値である．

図解によれば，いたってやさしい証明も，計算のみに頼ろうとすると，ごらんのようにやっかいである．

     ×   ×

授業の途中で現れた式

$$\begin{cases} x=a\cos t \\ y=-a\sin t \end{cases} \quad (0\leqq t<2\pi)$$

は②とは別のパラメータ表示である．図でみると，円上の任意の点 P に対して，P の x 軸に関する対称点を Q を求め，動径 OQ の角 $t(0\leqq t<2\pi)$ をパラメータに選んだものである．あきらかに，パラメータの取り方は②の場合と異なるのである．

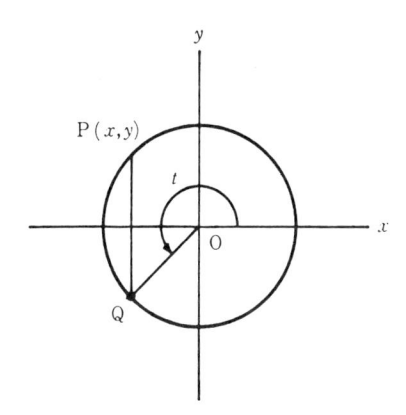

20
集合・論理と重根の接点

　N駅から3分程のところ，喫茶店「歩々」でT嬢を待つ．10分遅刻，珍しやジーンズ姿の彼女が現れた．
「待ちました．すてきじゃない．このお店」
「人形を並べたり …… 少女趣味ですがね，音楽の静かなのがとりえ．それにマダムが美人 …… ほら，あのチラッと見える1本の歯，魅力的でしょう」
「先生の観察 …… 芸がこまかいのね」
「らんぐい歯は欠点なのに …… 彼女，たくみに，生かしてますよ．"短所を長所にかえよ"これがボクのモットーです」
「じゃ，私のボケッとした頭 …… 長所にかえて下さいな」
「ここで，こうして，あなたと会うのは，そのためでしょうが …… 何を，いまさら」
「それで安心 …… きょうは話題が3つ．生々しいのよ．教材分析のとき，気付いたの」
「八百屋か魚屋みたい．生々しいなんて …… どんな話題ですか」

　　　　　　　　　×　　　　　　　　　×

「重根のこと．先生の本では，たとえば3が2次方程式の2重根であることを

$$x = 3, 3$$

とかいてありますね」

「多分，そうだと思います」

「私の高校の年配のS先生 …… 受験数学のオーソリテー …… それを

$$x=3\ (2\text{重根})$$

とかくのが正しい，というの」

「そんなオーソリテー …… 信用するなんて情けないね．受験界と称する世界には，慣習保守のオーソリテー，新しいものは食わず嫌いのオーソリテーなど，多様ですからね」

「そうかしら」

「そうですよ．テストしましょうか．たとえば $x^2-(a+3)x+3a=0$ を解いてごらん」

「失礼よ．そんなの ……」

「簡単なほどよい．サンプルは ……」

「因数分解できるから

$$(x-3)(x-a)=0$$
$$x-3=0 \quad \text{または} \quad x-a=0$$
$$x=3 \quad \text{または} \quad x=a$$
$$x=3,\ a$$

「それごらん」

「あら，いやだ．どこかしら」

「a は任意定数 …… $a=3$ としてごらん」

「場合を分けて

$$a \neq 3 \quad \text{のとき} \quad x=3,\ a$$
$$a=3 \quad \text{のとき} \quad x=3\ (2\text{重根})$$

こう書きます」

「ごうじょうで，みえっぱりだ．ふだん，やりもしないくせに ……」

「ウフ」

「そうでしょう．特に重根，単根を明らかにする場合でない限り，そんな書き方はしませんよ． $x=3, 3$ を許すのでないと $x=3, a$ も使えない」

「見る目がないのね．私 ……」

「さわる手はどうなんです」

「それもだめ」

「じゃ，聴く耳だけ♪」

「そう．女性は動物的なの」

「理性的人間に飼育するのは楽じゃない．わが人生のモットーをしても ……」

$\times$ $\times$

「いえ，効果あってよ．次のは理性的 ……

$$(x-3)(x-3)=0$$
$$x-3=0 \quad \text{または} \quad x-3=0$$
$$x-3=0$$
$$x=3$$

どう．こんなの．重根が単根にバケた」

「なんのことですか．それは ……」

「気付きませんか．論理の大先生も ……」

「からかうじゃない」

「だって，気付かないのですもの」

「ハハア，分った．やりますね．あなたも ……」

「学生の質問よ．論理法則の指導のあと．'薬がきき過ぎたのね」

「これ，まさに，論理と数学の接点．たしかに，ありますね論理には．べき等法則というのが．

$$p \text{ and } p \Leftrightarrow p, \quad p \text{ or } p \Leftrightarrow p$$

そこで

"$x-3=0$ or $x-3=0$" は $x-3=0$ と同値．

「なるほどね」
「同値な方程式は解も一致 …… ヘンでしょう」
「ヘンではありませんよ．ちっとも．ヘンなのは，あなたの頭」
「私の解き方はまともよ」
「問題の核心は …… その解き方で，論理が重根を保存しない」
「頼りないわね．論理は …… うっかり使えないなんて」
「重根は数学的概念 …… 論理とは別のものです．使いようによっては保存されるし，失われもする．重根の定義にもどることです．整方程式 $f(x)=0$ の左辺を因数分解して

$$f(x) = (x-3)^2(x-5)$$

となったとき，3 は2重根，5 は単根．これが定義」
「方程式は同値変形で，重根は保存されないということですか」
「そう．根の重複度は保存されない．一般に同値な命題関数の真理集合は等しい」
「方程式でみると，同値ならば解集合が等しい」
「そう．解集合が等しい．そこが核心．集合の外延的表し方には，要素の重複の表し方がない」

$$\times \qquad\qquad\qquad \times$$

「そうかしら？」
「そうですよ」
「だって，ある本に，$x=3$ は重根で，5 は単根のとき，解集合を $\{3,3,5\}$ と書いてありましたわ」
「ほんとですか」
「ほんと …… T社の月刊誌よ」
「だから，いったじゃない．受験界のオーソリティなど信用するなと ……」
「そんなもんかしら」
「そらそうですよ．論より証拠．事実が物語ってるじゃない．集合の表わし方では，同じ要素は何回書いても，一回書くのと同じとみる．たとえば $\{3,3,5\}$ は $\{3,5\}$ に等

しい．これが約束 …… もし，この約束がなかったら……」
「命題は同値でも，真理集合は一致しませんね」
「そう．その通りです」
「平凡なところに真理あり．日頃の忠告，身にしみますわ」

21
あいまいな否定記号

「なにが縁となり，どんな結果が出るか分らないものですね」
「なんの話ですか」
「論理記号です」
「何年生？」
「大学の1年生．前期に論理学をやっている．経営情報を選ぶ学生もおるので，基礎知識というよりは常識としてブール代数を，それにはその源をということで論理を簡単に指導するのです．答案の採点中に，見なれない記号が目にとまった．乱暴に書いてあったので，なんの記号かわからない．"教えもしない記号を ……けしからん"といった反発もあってバッサリ20点引いた」
「きびしいですね」
「ところが，数枚あとで，同じような記号のある答案が数枚現れた．そこで，はじめて，ははあ，"ならば"の否定だなと気付いたのですよ」
「"ならば"の否定なら ↛ じゃないですか」
「ズバリ，そうです」
「それなら高校で使いますよ．それを使ったテキストもある」
「それは分っている．この記号の好きな著者のおることだって承知だ．ボクとしては講義になかった記号を学生が使うなどとは予想していなかったので，おやと思ったわ

けだ．考えてみればなんの不思議もない．大学は高校の延長なのだから，高校で習った記号が現れたとしても……」

「それでも，バッサリ減点」

「いや，善意に解釈し，5点減点に止めた．辛すぎると不合格者がたくさん出て困るからね．大学入試の採点は，いかに点を引くかですが，大学の試験の採点は，いかに点をやるかです．誠に情けないとは思うが」

「高校で使う記号 $p \not\to q$ は $p \to q$ の否定．問題などないと思うが」

「僕もいままではそう思っていた．ところが，答案の採点で，意外なことに気付いたのですよ」

「そう．それはおもしろい」

「p, q が命題——変数を含まない本物の命題ならば $p \not\to q$ は $p \to q$ の否定 $\overline{p \to q}$．したがって $p \wedge \bar{q}$ と同値で，とくに問題はない．しかし，変数を含み $p(x), q(x)$ になると事情が複雑ですよ」

「$p(x) \not\to q(x)$ は $p(x) \to q(x)$ の否定だから $\overline{p(x) \to q(x)}$ すなわち $p(x) \wedge \overline{q(x)}$ ですね．疑問の余地ないでしょう」

「いや，いや，そう単純ではない．いま挙げた条件文は"すべて"を省略をしたものですか．それとももとからないものですか」

「そら，きまってますよ．高校で使う条件文は"すべて"の省略形です」

「じゃ，その"すべて"を省略しないで書いてごらん」

「$\forall x$ をつけるだけ．$\forall x(p(x) \not\to q(x))$ は $\forall x(p(x) \to q(x))$ の否定です」

「その説を式でかくと

$$\forall x(p(x) \not\to q(x)) = \overline{\forall x(p(x) \to q(x))}$$

この右辺は $\exists x(p(x) \wedge \overline{q(x)})$ と同値．こういうことですか」

「そうです．いや，そうなりますね」

「よくごらん．無茶ですよ．$2 \not< 3$ は $2 < 3$ の否定だから $\overline{2 < 3}$，$2 \neq 3$ は $2 = 3$ の否定だほら $\overline{2 = 3}$，この要領でゆくと $p(x) \not\to q(x)$ は $p(x) \to q(x)$ の否定 $\overline{p(x) \to q(x)}$ とみるのが自然ですね．だとすると

21. あいまいな否定記号 **173**

$$\forall x(p(x) \mapsto q(x)) = \forall x(\overline{p(x) \to q(x)})$$

とみるのが自然じゃないですか」

「まてよ，どこが，どうちがうのかな．ああそうか．否定が ∀x に及ぶかどうかですね．う——これにはまいった」

「そうでしょう．論理学をやれば，命題関数 $p(x) \to q(x)$ の否定と全称命題 $\forall x(p(x) \to q(x))$ の否定が現れる．しかも，この2つは別のもの．

$$p(x) \to q(x) \quad \text{の否定は} \quad p(x) \land \overline{q(x)}$$

ところが

$$\forall x(p(x) \to q(x)) \text{ の否定は } \exists x(p(x) \land \overline{q(x)})$$

です」

「なるほど，そのどちらとも見分けのつかない記号 ↦ を用いたことになるわけか．こら，問題ですね」

「そうでしょう」

「∀x がつくのに省略し，↦ を用いるからあいまいになるのですね」

「∀x をつけておけば安心ともいえない．記号 $\forall x(p(x) \mapsto q(x))$ を，$\forall x(p(x) \to q(x))$ の否定に使うのは，数学の記号の慣用にもそわないわけで ……」

「弱った．結論は …… ↦ を使うな …… となりそうです」

「否定の記号を安易に用いた結末です．使うからには，使い方をはっきり定義したいものです」

「"習うより慣れろ" は万能でないサンプルのよう」

「格言や諺は，ある状況の下では真理．それを無制限に拡大するとこうなる．まあ，そういうことでしょう」

22
盲点を生む記号

最近，部分集合と真部分集合の区別の神経質な学生に接し，反省させられた．
「その神経質は，$\subset$ が成り立てば $\subseteqq$ も成り立つことを知らないためだ」
「$A \subseteqq B$ は $A \subset B$ または $A = B$ と同じことを知らないためだろう」

こんな短絡的結論で解決のつくものではなさそうである．人間の頭は，論理だけで働くわけではないから，盲点を論理で解明しても，効果ある処方箋にはならない．人間の頭は，慣習やイメージに左右されやすい．神経質の源は，思わざるところにかくされているのでないかと思う．

×　　　　　　　　　×

高校の指導要領では，真部分集合を表わすには $\subset$ を，部分集合を表わすには $\subseteqq$ を用いることにきめられている．これ絶対条件と称するものだから，テキストは，すべてこの流儀に統一された．

一方，大学では部分集合に $\subset$ を用いる場合が多い．このことは，数学の専門書をみれば明らかだろう．部分集合を表わすのに $\subseteqq$ を用いた本は意外と少ない．大学の入試問題をみても，従来は主として $\subset$ であった．これから，高校教育を考慮し，$\subseteqq$ を用いた問題に統一させられると思うが，多くの人が納得したわけではないだろう．

もし，学生が $\subseteqq$ を知らないならば，$\subseteqq$ と $\subset$ の区別に神経質になる学生の現れる

おそれは少ないだろう．部分集合を $\subset$ で表わしておれば，真部分集合のときは $\subset$ に $\neq$ を追加することになるので，そんな手数のかかることに引きずられるチャンスは少ないはずである．なまじか $\subseteqq$ を知っているために，$\subseteqq$ と $\subset$ の区別が気になるのではないか．「知らぬがホトケ」とまではいかないまでも，世の中には，知らないほうがよいものも沢山ある．部分集合の記号として $\subseteqq$ が本当に適切かどうか，もっと多くの人が意見を出し合うのが望ましい．

×　　　　　　　　　×

高校の指導要領で，$\subseteqq$ に統一された理由について，私は何も知らない．その理由を，明らかにした委員の方がおるのかも知れないが，不勉強なためか，いまだ，目にとまったこともない．

私の想像の域を出ないが，大小関係の $\leqq$ に合わせたのではないかという気がする．たしかに，見た目の類似を気にするならば，$\subset$ を $\subseteqq$ に統一したくなるだろう．しかし，ものごとで重要なのは，外観や形式ではなく，内容のはずである．$\subseteqq$ と $\leqq$，$\subset$ と $<$ は内容において，外観ほど似ているかとなると，いろいろの疑問がわいてくる．

×　　　　　　　　　×

集合の包含関係，定数の大小関係は，数学的には順序関係で，順序の公理をみたす点は全く同じである．

説明するまでもなく，関係 R が順序であるとは，次の3つの法則をみたすことである．

(i) 反射律　　xRx
(ii) 反対称律　$xRy, yRx \Rightarrow x=y$
(iii) 推移律　　$xRy, yRz \Rightarrow xRz$

これらの法則でみる限り，$\subseteqq$ と $\leqq$ には何んの差もない．これらの相違のはっきりしてくるのは，他の法則の場合である．他の法則で重要なものに，順序と演算の関係がある．

実数の大小関係を演算でみると，加法, 乗法 に関する単調性が基礎になる．

実数の大小関係の単調性

≦ の場合

$a \leqq b \Rightarrow a+c \leqq b+c$

$a \leqq b, \ c>0 \Rightarrow ac \leqq bc$

< の場合

$a<b \Rightarrow a+c<b+c$

$a<b, \ c>0 \Rightarrow ac<bc.$

これをみると，≦ と < は，単調性では，明確に一線を画している．

では，集合の包含関係では，どうか，大小関係にならい，形式的に命題を作ってみる．集合における2項演算といえば，∩ と ∪ である．そこで，+, × をそれぞれ ∪ と ∩ で置きかえてみる．

集合の包含関係と演算

⊆ の場合

$A \subseteq B \Rightarrow A \cup C \subseteq B \cup C$ ①

$A \subseteq B \Rightarrow A \cap C \subseteq B \cap C$ ②

⊂ の場合

$A \subset B \Rightarrow A \cup C \subset B \cup C$ ③

$A \subset B \Rightarrow A \cap C \subset B \cap C$ ④

ここでは，高校流に ⊆ と ⊂ を区別していることに注意されたい．①, ② は成り立つのに，③ と ④ は成り立たない．

③ と ④ が成り立たない反例はいくらでもある．たとえば

$A=\{1,2,3\}, \quad B=\{1,2,3,4\},$

$C=\{3,4,5\}$

とすると，$A \cup C, B \cup C$ はともに $\{1,2,3,4,5\}$ となって，③に反する．

また，A, B はそのままで，$C=\{0,1,2\}$ とすると $A \cap C, B \cap C$ はともに $\{1,2\}$ となって④に反する．

ベン図では，次の図の場合になる．

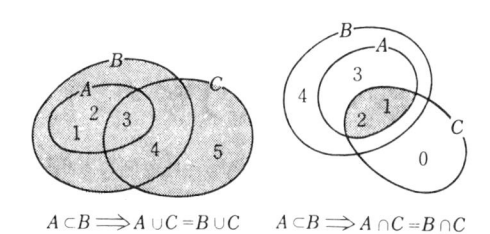

$A \subset B \Longrightarrow A \cup C = B \cup C$　　$A \subset B \Longrightarrow A \cap C = B \cap C$

要するに集合の包含関係では③，④は成り立たず，単調性は $\subseteqq$ の専用である．

集合の包含関係の単調性

$A \subseteqq B \;\Rightarrow\; A \cup C \subseteqq B \cup C$

$A \subseteqq B \;\Rightarrow\; A \cap C \subseteqq B \cap C$

集合の包含で，従来 $\subseteqq$ を用いずに $\subset$ を用いて来た理由の1つが，ここにあろう．

実際，数学の証明で，集合を用いる場合を検討してみると，$\subseteqq$ と $\subset$ を区別する必要は少ない．単調性がそうなっているから，自然にそうなるのである．$\subset$ が必要なときは，$\subseteqq$ についての法則で処理し，最後に $\neq$ を明らかにするのが，集合の内容に即しているのである．

　　　　　　　　　　×　　　　　　　　　　　　　　　×

大小関係から包含関係への形式的類推のいかに危険で頼りないものかは，位相入門で大切な 上限, 下限 をみても明らかであろう．

$A \subseteqq B \;\Rightarrow\; \sup A \leqq \sup B$

$A \subseteqq B \;\Rightarrow\; \inf A \geqq \inf B$

が成り立つけれども

$$A \subset B \Rightarrow \sup A < \sup B$$
$$A \subset B \Rightarrow \inf A > \inf B$$

は成り立たない．反例として

$$A = \{1, 3, 5\}, \quad B = \{1, 2, 3, 4, 5\}$$

をみれば，明らかであろう．

特殊な場合として A, B に 最大値，最小値 があるときは，

$$A \subseteqq B \Rightarrow \max A \leqq \max B$$
$$A \subseteqq B \Rightarrow \min A \geqq \min B$$

となるのに，学生の中には，$A \subset B$ から $\max A < \max B$, $\min A > \min B$ を結論し，平気でおるものがおる．安易な類推のサンプルといえよう．

×　　　　　　　　　×

もう1つ都合が悪いのは，集合と論理の関係である．p, q を命題関数とし，その真理集合をそれぞれ P, Q で表わしたとすると，

$$p \rightarrow q \quad \text{と} \quad P \subseteqq Q$$

とは同値である．だから，集合で $P \subseteqq Q$ と $P \subset Q$ を区別するなら，命題でも，これに対応する区別が必要であるのに，それがないのは片手落ちというものだろう．

「いや，区別があるじゃないか．

$$p \rightarrow q, \quad p \not\leftrightarrow q$$

がそれだ」という反論もあるが，これ反論になっていない．これは

$$p \rightarrow q, \quad p \not\leftarrow q$$

を無理にまとめたものに過ぎない．こんなことでよいなら，これでは，集合の従来の方式

$$P \subset Q, \quad P \neq Q$$

を1つにまとめて $P \subseteqq Q$ とかくのと同じでこと，反論になっていない．

内容を無視し，ヘンな統一を計るから，次々と不都合が起きるのである．そこでタイトルが「盲点を生む記号 $\subseteqq$」となった．「キミのタイトルは大げさですぞ．これをごらん」などと，のっぴきならぬ反論が現れ「まいりました」となるのも粋狂であろう．

23
正射影の三面相

N 幼稚な質問で恐れ入るが、そも正射影とはなにか。

S いまさら、どうしたというのです。そんな質問を。

N テキストを読んでいるうち、分らなくなったんです。定義がまちまち、これでは無理ないでしょう。

S 使っているテキストの定義に従えばよいでしょうが。

N そうもいかんですよ。高校では …… 大学入試をひかえている。それに学生の持っている参考書がまちまち。学生の質問で苦しむのはわれわれ教師。

S なるほど、同情するよ。

N 口先の同情では救われない。解明してほしいのです。スカッと ……。

S スカッとね。そら難問のようですね。いままで気にしたこともなかった。改まってきかれると、もろもろの疑問が浮んでくる。

× ×

N 最初に現れる定義は点の正射影で …… 中学の幾何にあるでしょう。いまはどうか知らないが、前はあった。点 P から直線 g におろした垂線の足を P′ とするとき、P′ を P の**正射影**という。直線 g の代りに平面 π でもよいですが。これが正射影の元祖か。 **S** P に P′ を対応させることも正射影といいますね。点 P に対し点 P′ は1つだけきまるから、P に P′ を対応させるのは写像。その写像を**正射影**というのと、P の像 P′ を正射影というのとはちがう。

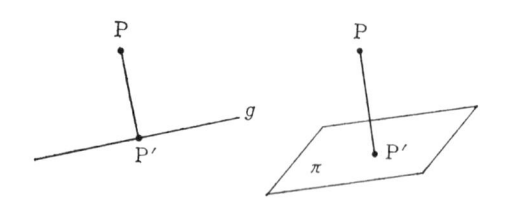

N そこまでは考えなかった．テキストはあいまいですね．

S テキストの罪にするんじゃない．おのが自覚の足らなさも ……．これら公害みたいなもんで …… 住民の自覚が足らんことをいいことにして，企業がタレ流しをやる．

N いたいことをいう．

S 数学の本によっては区別しているよ．像のほうは正射影，写像のほうは**射影子**というようにね．

N それならはっきりするものを ……．

S しかし，この区別はそれほど重要でなさそうだ．前後の文脈から分る．キミが混乱しなかったのが，その証拠 ……．だから，たいていの本は区別しない．

N ふつう．これに続いて図形の正射影が現れますね．図形 F 上を P が動くとき，P の正射影 P′ は1つの図形 F' を作る．このとき F' を F の**正射影**という ……．

S もっと写像らしくいいたいものです．この場合，図形とは要するに点集合でしょう．点集合 F の像 F' を F の正射影といえば簡単じゃない．

N どうも，そういういいまわしには慣れていないので．

S 写像，写像といいながら，まだ借りものでは困るよ．

N 線分の正射影は線分になる．線分 PQ で，P, Q の正射影をそれぞれ P′, Q′ とすると，線分 PQ の正射影は線分 P′Q′ です．ここまでははっきりしている．問題なのは，この次に現れる正射影 ……

　　　　　　　×　　　　　　　　　　×

S ベクトルの正射影でしょう．

N そう．ベクトル $\overrightarrow{PQ}$ の**正射影**はベクトル $\overrightarrow{P'Q'}$ のことですか．

23. 正射影の三面相 **181**

S それでよいじゃないですか.

N いや, そこが問題なのです. ベクトル $\overrightarrow{PQ}$ の**正射影**を $P'Q'$ とすると, $P'Q' = \overline{PQ}\cos\theta$ といった式が現れる. この場合の $P'Q'$ は長さでしょう. 正負を考えた. それなのに正射影という. だから, ベクトルの正射影も2通りある.

S なるほど. テキストには, どちらの正射影もあるよ.

N そうでしょう. だから混乱するのです.

S 万事テキストが頼りでは他人まかせのサンプル. 自分で区別することを考えたらどう.

N ボクにテキストを批判する力はない. テキストは神様です.

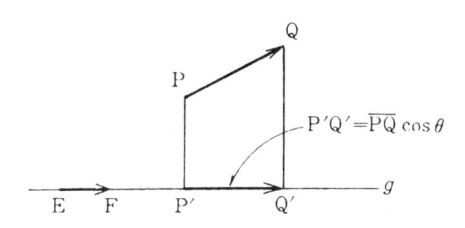

$P'Q' = \overline{PQ}\cos\theta$

S きいたようなセリフ. そうそう「お客さまは神さまです」というのがあった. あのキザッポイ歌手のキザッポイセリフ. そんなのにあやかるとは鼻もちならん. とにかく, 2つの異なる実体が目の前にあるのだから, 区別する表現を考え出せばよいのだ.

N ところが, その実体を, はっきりつかんでいないのです.

S ベクトル $\overrightarrow{PQ}$ に対応する2つのもの …… ベクトル $\overrightarrow{P'Q'}$ と, その符号つきの長さ $P'Q'$ のことですよ.

N 符号つき長さの実体がつかめない. ベクトル $\overrightarrow{P'Q'}$ の長さの符号をきめる相手は何ものですか.

S 直線 g 上から選んだ1つの単位ベクトルです. それがなければ, 角 θ だって, きまらない. その単位ベクトル $\overrightarrow{EF}$ とベクトル $\overrightarrow{PQ}$ のなす角が θ でしょう.

N じゃ $\overrightarrow{P'Q'}$ の長さを $\overrightarrow{EF}$ を単位として測るのですね.

S ベクトルらしくいえば, $\overrightarrow{P'Q'} = k\overrightarrow{EF}$ をみたす実数 k のこと. k の符号は EF の

向きと P′Q′ の向きの相互関係によってきまる．同じ向きならば正，反対向きならば負．

N その符号つきの長さを有向線分 P′Q′ の長さといって，P′Q′ で表わすのですか．

S 弱りましたね．$\overrightarrow{P'Q'}$ のことを矢線という人，有向線分という人もおるのですね．まだある．固定ベクトル，束縛ベクトル ……．

N それごらん．迷えるひつじ子とは，われわれ教師のことですな ……．

S こう混乱しては，2人の対話も行詰りそうだ．用語の使い方を1つ1つ約束しようか．一般に，向きをつけた線分 AB は**矢線**または**有向線分**ということにし，$\overrightarrow{AB}$ で表わすことにしよう．そうすれば等しい矢線全体の集合が**ベクトル**．これは $\boldsymbol{a}, \boldsymbol{x}$ などの太字で表わそう．

N ベクトルを1つの矢線で表わすのは矛盾じゃない．

S その矢線はベクトルの代表ですね．ベクトル $\boldsymbol{a}$ を矢線 $\overrightarrow{AB}$ で**代表**するときは，$\boldsymbol{a}$ のことをベクトル $\overrightarrow{AB}$ ということにし

$$\boldsymbol{a}=\overrightarrow{AB} \quad \text{または} \quad \overrightarrow{AB}=\boldsymbol{a}$$

で表わすのですよ．

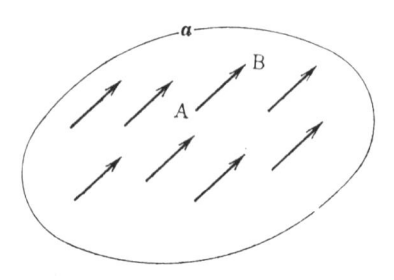

N そうか．ところで，矢線 $\overrightarrow{AB}$ の長さに符号をつけたものは ……．

S 問題はそれだ．慣用の用語が見当たらない．その長さは $\overrightarrow{AB}=k\overrightarrow{CD}$ をみたすスカラー k だから，$\overrightarrow{AB}$ の $\overrightarrow{CD}$ 上の成分とか，スカラーとかいう人もおる．$\overrightarrow{CD}$ 上の代りに g 上といってもよいが ……．

```
        e            a
  ├──────┤  ├──────────────┤
  C    D   A              B
```
─────────────────────────────────────→ g

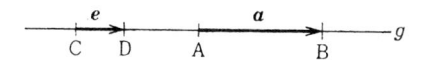

N 昔は，それを有向線分といって AB で表わしたのでしょう．ベクトルを指導しないうちはそれでよかったが，現在では混乱のもと．矢線の**有向長**と呼んではどうか．

S 有向量, 有向面積 などの例もある．悪くない．ゴロは感心しないが．

N では，ぐっとくだけて**符号を考えた長さ**ではどうか．

S チョットしまりがないが，日常語に近いのが気にいった．それでいこう．

N それを表わす記号は …… 慣用を尊重し AB でいこう．符号を考えない長さは $\overline{AB}$ で……．

S 了解．

N ベクトルが1つの文字 a で表わされているとき …… その符号を考えた長さを表わす慣用がない．a の大きさは $|a|$ で表わすが，残念ながら，これには符号がない．

S いや，慣用とはいえないまでも，a の右下に e や g をつけ，$(a)_e, (a)_g$ を用いる流儀がある．これだと，a と e は平行でなくともよいので，正射影にも好都合だ．

N それは初耳，くわしく願いたい．

S その前に，矢線とベクトルの正射影の定義をはっきりさせよう．線型代数では，正射影にも向きをつけるのが慣用 …… つまり常識とみてよい．矢線 $\overrightarrow{PQ}$ の**正射影**は矢線 $\overrightarrow{P'Q'}$ のこととしよう．

N じゃ，ベクトル $\overrightarrow{PQ}$ の正射影はベクトル $\overrightarrow{P'Q'}$ のこととみるも慣用？

S 矢線 $\overrightarrow{PQ}$ の位置に関係なく，$\overrightarrow{P'Q'}$ の向きと大きさはきまるから，その約束でよいわけだ．

N そのひとこと，必要ですか．

S もちろん．ベクトルは等しい矢線の集合だから，厳密にやるときはね．

　　　　　　　　×　　　　　　　　　　×

N 話題の焦点 …… 符号を考えた長さの表わし方は …….

S ベクトル $\boldsymbol{a}=\overrightarrow{\mathrm{AB}}$ によって向きをつけた1つの直線を g としよう. 任意のベクトル $\boldsymbol{x}=\overrightarrow{\mathrm{PQ}}$ をとり, その g 上への正射影を $\boldsymbol{x}'=\overrightarrow{\mathrm{P'Q'}}$ とすると, 正射影 P'Q' の長

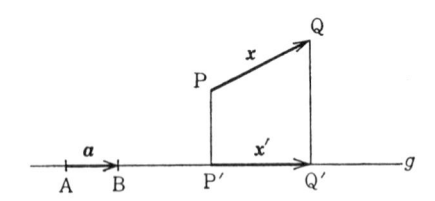

さに, $\boldsymbol{a}$ によって符号をつけたものが P'Q' ですね. この符号を考えた長さ P'Q' $=k$ を, ベクトル $\boldsymbol{x}$ のベクトル $\boldsymbol{a}$ 上の**成分**または**スカラー**といい $(\boldsymbol{x})_{\boldsymbol{a}}$ で表わすのです. $\boldsymbol{a}$ の代りに, $\boldsymbol{a}$ によって向きをつけた有向直線 g を用い $(\boldsymbol{x})_g$ で表わしてもよい. 式でかくと

$$(\boldsymbol{x})_{\boldsymbol{a}}=(\boldsymbol{x})_g=\mathrm{P'Q'}$$

N いろいろの表わし方があるものですね.

S 数学者は記号製造屋でもある. それにいちいち, 付き合ってはおれないがね.

N ホウ. 数学者は資本家で, われわれ教師は聖なる労働者というわけか.

S いや, 数学者は技術屋ですよ. 記号製造の …… お金に縁の遠いものの代表が数学者だ.

N P'Q' はベクトル $\boldsymbol{x}'$ の $\boldsymbol{a}$ 上の成分とみて $(\boldsymbol{x}')_{\boldsymbol{a}}$ と表わしてもよいですか.

S $\boldsymbol{x}$ が $\boldsymbol{a}$ に平行になった特別な場合とみればそうなる.

N 向きを考えた長さ P'Q' を $\boldsymbol{x}$ の正射影というのは誤りか.

S 誤りというのは強過ぎよう. 要は定義の問題だからね. しかし, 同一用語をいろいろの意味に使いわけるのは煩わしい. $\boldsymbol{x}$ の正射影は $\boldsymbol{x}'$ に限定し, P'Q' のほうは, 正射影 $\boldsymbol{x}'$ の符号を考えた長さといえば足りますね.

N g 上の成分, $\boldsymbol{a}$ 上の成分もやめるのですか.

S これはあってもよさそうだ. 現在高校では, x 軸上の成分, x 成分などの用語を使っていることですから.

N でも,この場合は,ベクトル $x=(x,y,z)$ でみると,x 軸上の成分は x で,x の成分そのものですよ.

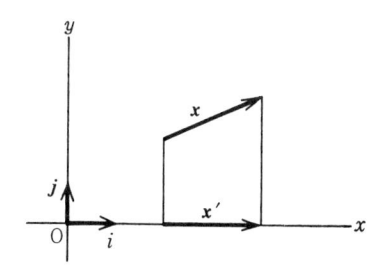

S だからこそ,g 上の成分という表現が生きてくるのだと考えては.

N 混乱しそうで,気がかりだ.一般にベクトル x のベクトル a 上の成分はどんな式で表わされるのですか.

S 案ずるより生むが早いというじゃないか.求めてみようよ.解決のカギを握る

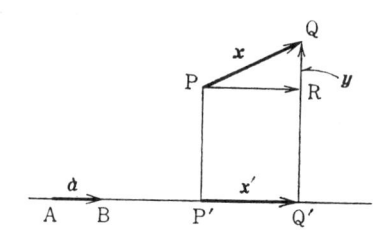

のは,PP′, QQ′ は g に垂直.そこで多分内積の利用になるだろう.

N 図で $\overrightarrow{PQ}=\overrightarrow{PR}+\overrightarrow{RQ}$, $\overrightarrow{RQ}=y$ とおいてみると

$$x=x'+y$$
$$a\cdot x=a\cdot x'+a\cdot y$$

$a\cdot y=0$ だから

$$a\cdot x=a\cdot x'$$

行き詰りだ.

S ベクトル a, x' の関係 …… かんじんなものを忘れている.

N そうか. $P'Q'=k$ とおくと $x'=ka$, おや, 早合点. $x'=k\dfrac{a}{|a|}$, これを先の式に代入して

$$a \cdot x = a \cdot k\dfrac{a}{|a|} = k\dfrac{a \cdot a}{|a|} = k|a|$$

$$(x)_a = k = \dfrac{a \cdot x}{|a|}$$

S ごらん. 案ずるより生むが早いの見本だ. ついでに正射影も出しておこう.

$$x' = ka = \dfrac{a \cdot x}{|a|^2}a$$

N x, a が成分で与えられているときも求めてみるよ. $x=(x, y, z)$, $a=(a, b, c)$ とすると

$$k = \dfrac{ax+by+cz}{\sqrt{a^2+b^2+c^2}}$$

正射影は

$$x' = ka = (ka, kb, kc)$$

S その式で $a=(1, 0, 0)$ とおけば, k は x 軸上の成分 x, x' は x 軸上の正射影 $(x, 0, 0)$ になる. 当然のことですが.

N このほかに平面上への正射影がある. これもベクトルですか.

S 1つの平面 π と任意の矢線 $\overrightarrow{PQ}$ があるとき, P, Q から π におろした垂線の足をそれぞれ P', Q' として, 矢線 $\overrightarrow{P'Q'}$ を矢線 $\overrightarrow{PQ}$ の正射影ということにすればよい. ベクトルのときも同様です.

N この場合にも, $\overrightarrow{P'Q'}$ の長さに符号を考えるのですか.

S 考えても応用はせまい. x がかわれば, x' の向きもかわる. これでは, x' に平行な単位ベクトルを選んでも, 一定の単位ベクトルをもとにして x' の長さをきめることができない.

N なるほど. これで万事あきらかになった. 総括すると, 高校の正射影は2種類にとどめるのがよいということですね.

23. 正射影の三面相 **187**

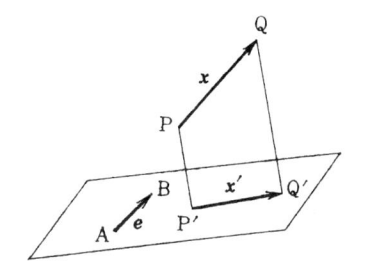

$$\text{正射影} \begin{cases} \text{点集合の正射影(点集合)} \\ \text{ベクトルの正射影(ベクトル)} \end{cases}$$

もう1つ,矢線と有向線分は同じ意味に用いる.これでスカット解決.

×   ×

S いやいや,わかりませんよ.指導してみないことには.意外なところでつまずくものです.最大の盲点は $\overrightarrow{AB}$ と AB の区別じゃないですか.もろもろの概念は特殊な場合にあいまいになる.特殊と特異は紙一重の差,特殊に退化はつきもの.退化すれば,見えるものも見えなくなろう.だから,すべての概念はその周辺に問題を秘めているということです.

N おどかさないで下さい.

S いや,真実をいったまで.矢線の盲点は,次元が不明確,いや他人まかせで,どうにでもなるところにある.

N 取扱う空間の次元によるということ …….

S そう.1つの矢線 $\overrightarrow{AB}$ は,3次元空間でみれば3次,2次元空間でみれば2次,1次元空間でみれば1次です.成分で表わせば一層はっきりするでしょう.

N 3次元ならば $\overrightarrow{AB}=(x,y,z)$,2次元ならば $\overrightarrow{AB}=(x,y)$,1次元ならば $\overrightarrow{AB}=(x)$.

S 実は,その $\overrightarrow{AB}=(x)$ がくせ者でね.

N (x) と x はちがうのですか.

S 同じですよ．いや同じものとみる．

N じゃ，1次元の矢線 $\overrightarrow{AB}$ は1つの実数，つまりスカラーに等しい．へんですね．

S へんでも，しようがないでしょう．そうきめたのですから．

N 矢線は忍者．変身の天才ですね．

S 矢線 $\overrightarrow{AB}$ は2次元以上ならベクトルの仲間なのに1次元ではスカラーに化け，符号を考えた長さABそのものになる．

N お化けの正体が，おぼろげながら見えてきた感じですよ．

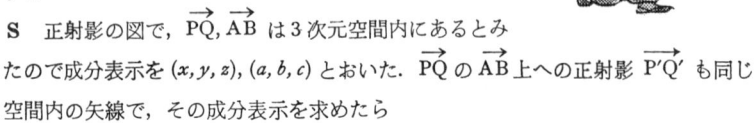

S 正射影の図で，$\overrightarrow{PQ}, \overrightarrow{AB}$ は3次元空間内にあるとみたので成分表示を $(x, y, z), (a, b, c)$ とおいた．$\overrightarrow{PQ}$ の $\overrightarrow{AB}$ 上への正射影 $\overrightarrow{P'Q'}$ も同じ空間内の矢線で，その成分表示を求めたら

$$(ka, kb, kc), \quad k = \frac{ax+by+cz}{\sqrt{a^2+b^2+c^2}}$$

となった．しかし，$\overrightarrow{P'Q'}$ はつねに直線 g 上にあるので，変身の危険がある．

N g は1次元空間だから，その中に含まれる $\overrightarrow{P'Q'}$ は1次元のはずですが．

S それ，そこが盲点．部分空間の次元と矢線の次元を混同してるよ．われわれはいま3次元空間を取り扱っているのだから，すべての矢線は3次元です．g はその部分空間で次元は1次であるが，その中の矢線 $\overrightarrow{P'Q'}$ は3次元です．

N いや，恥しい．2種の次元を混同するなんて……．ところで，$\overrightarrow{P'Q'}$ がスカラーに変身する危険とはどういうこと．

S g と3次元空間と縁を切り，全く独立な空間とみた場合です．g は1次元空間で，その中の矢線 $\overrightarrow{P'Q'}$ も1次元で，スカラーに化ける．そのスカラーが実は

$$P'Q' = k = \frac{ax+by+cz}{\sqrt{a^2+b^2+c^2}}$$

なのですよ．

N 部分空間とみるか，独立な空間とみるかで，そうまで違うとは……．

S この微妙な点をはっきりつかんでいない人が多いようです. $\overrightarrow{PQ}$ と $\overrightarrow{P'Q'}$ を加えたり引いたりできるのに，なぜ PQ と P'Q' とではできないのか不思議に思うらしい.

N いや，有難う. 矢線ベクトルはやっかいなものであるわけがはじめてはっきりした.

S ベクトルを矢線で導入するから，一層混乱するのじゃないですかね. 数ベクトルならば成分の個数でベクトルと成分が見分けられるので，こんな混乱は起きないだろう.

N そこで，ベクトルの導入は数ベクトルから …… というスローガンが生れるのですか.

S それも 1 つの理由でしょうね.

24
概念は成長する −ベクトルの直交と平行−

「ベクトルの直交を，なぜゼロベクトルへ拡張するか」

たびたび受けた質問である．高校のベクトルは矢線ベクトルからはいる．そのとき，初等幾何の知識が必要で，直交や平行が使われる．初等平面幾何に現れる直交は，直線と直線の場合である．実際には線分や半直線の直交もあるが，とくに定義せず，直線の場合からの類推で済ますテキストが多い．

このような知識のもとでは直交の内積による表現はややこしくなる．

a, b が零ベクトルでないとき，それらの角 $\theta(0 \leq \theta \leq \pi)$ を定義し，$\theta = \frac{\pi}{2}$ のとき a, b は直交するといい，$a \perp b$ で表す．これが，ふつうのテキストの方式である．

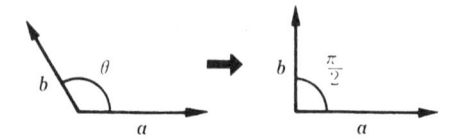

この定義であると，ベクトルの直交と内積との関係は

$$a \neq 0,\ b \neq 0,\ ab = 0 \iff a \perp b$$

あるいは

$$ab = 0 \iff a = 0 \text{ or } b = 0 \text{ or } a \perp b$$

24. 概念は生長する-ベクトルの直交と平行- **191**

そこで，a, b がゼロベクトルの場合を見逃すなといった注意が巾をきかすことになる．その代表例を応用からひろってみる．

×   ×

2点 $A(a)$, $B(b)$ を結ぶ線分を直径とする円の方程式を求める場合．

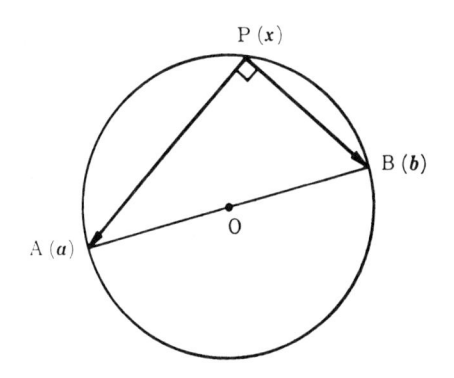

円上の任意の点を $P(x)$ とし
$$\vec{PA}=a-x, \quad \vec{PB}=b-x$$
ここで $\vec{PA}\perp\vec{PB}$ から
$$\therefore \quad (a-x)(b-x)=0 \qquad \text{①}$$
とすると，完全な解答と認めず，先生によっては減点の対象にするらしい．P が A または B に一致したとき，$\vec{PA}$ または $\vec{PB}$ はゼロベクトルになるからである．そこで，この場合にも①は成り立つことを補って完成とみる．

×   ×

よく現れる第2の例は，点 $P_1(x_1)$ を通り，ベクトル a に直交する直線の方程式を導く場合である．

直線上の任意の点を $P(x)$ とすると
$$\vec{P_1P}=x-x_1$$

これは a に垂直だから

$$a(x-x_1)=0 \qquad ②$$

このままでは，前の例と同様に，P が P₁ と一致した場合が落ちる．そこで，そのときも②は成り立つことを補わなければならない．

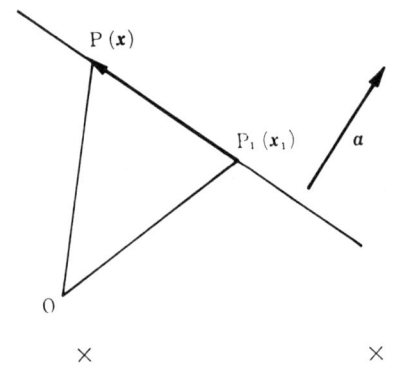

以上のように場合分けが起きるのは，ベクトルの直交からゼロベクトルを排除するためである．

線型数学の最近の本をみると，ベクトルは数ベクトルから出発し，ベクトルの直交は，幾何における直交とは一応縁を切り，内積が 0 になる場合と定義する．すなわち，$ab=0$ のとき，a,b は直交であるといい，$a \perp b$ で表わす．

$$a \perp b \quad \Leftrightarrow \quad ab=0$$

この定義の背景になっているのは幾何における垂直ではあるが，ゼロベクトルを含めることによって概念の拡張が行われている．応用上からみても，またベクトル空間の理論上からみても，この方が，むしろ都合よいのである．

ベクトル空間 V において，1 つのベクトル a に直交するベクトルの集合を V' としたとき，V' が部分空間となるためにはゼロベクトルを含むことが必要である．拡張した意味の直交を用いれば，この条件はみたされ，V' は V の部分空間になる．その理由は簡単である．

24. 概念は生長する-ベクトルの直交と平行

$V' \ni x, y$ とすると $a \perp x, a \perp y$

$$\therefore \ ax = 0, \ ay = 0$$

(i) $ax + ay = 0 \ \rightarrow \ a(x+y) = 0$

$\rightarrow \ a \perp x+y \ \rightarrow \ x+y \in V'$

(ii) k を実数とするとき

$$k(ax) = k0 \ \rightarrow \ a(kx) = 0$$

$$\rightarrow \ a \perp kx \ \rightarrow \ kx \in V'$$

V' は部分空間をなすための条件をみたしている.

V が 2 次元であるとすると V' は 1 次元で,幾何学的には,原点を通り a に直交する直線が対応する.

V が 3 次元であるとすると V' は 2 次元で,幾何学的には,原点を通り a に直交する平面が対応する.

V が n 次元のときは V' で $(n-1)$ 次元で, いわゆる超平面と呼ばれているものになる.

このように,拡張された直交は,ベクトルの理論構成から例外を除き,好都合である.

×   ×

ベクトルの平行についても, 全く同様のことがいえる.

高校におけるベクトルの平行は,幾何における線分の平行の概念の延長にすぎず,ゼロベクトルが除かれている.したがって,その条件をベクトルの実数倍で表わせば

$$a \neq 0, \ b \neq 0, \ a = kb \ \Leftrightarrow \ a /\!/ b$$

あるいは

$$a = kb \ \Leftrightarrow \ a = 0 \text{ or } b = 0 \text{ or } a /\!/ b$$

となってややこしい.

そこで, 応用として, 点 $P_1(x_1)$ を通り, ベクトル $a(a \neq 0)$ に平行な直線の方程式を導こうとすると,つまらない場合分けが起きる.

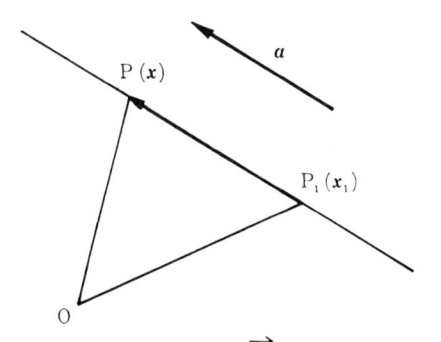

直線上の任意の点を P(x) としてみよ．$\overrightarrow{P_1P}=x-x_1$ はゼロベクトルのことがある．そこで

$$x-x_1 \neq 0 \text{ のとき } P_1P /\!/ a$$
$$\therefore \quad x-x_1 = ta$$

$x-x_1=0$ のときは $t=0$ とすると①は成り立つ．

このように，馬鹿らしいことに神経を使うのは生産的でない．

もしも，ベクトル a, b の平行に，a または b がゼロベクトルの場合も含めたとすると，それは a, b が１次従属であることと同値であって，ベクトルにおける重要な概念と結びつく．

$$a /\!/ b \quad \Leftrightarrow \quad a, b \text{ は１次従属}$$
$$\Leftrightarrow \quad \exists (m, n) \begin{cases} ma = nb \\ (m,n) \neq (0,0) \end{cases}$$

とくに，$a \neq 0$ のときは

$$a /\!/ b \quad \Leftrightarrow \quad \exists k (b = ka)$$

となって，応用上は好都合で，先の直線の方程式を導く例は，場合分けが不要である．

　　　　　　　×　　　　　　　　　　　×

このようなわけであるから，高校でも，ベクトルの直交と平行はゼロベクトルを含めた広い意味を採用するのが望ましい．

概念というものは，とくに数学では，一般化を目ざし成長して行くものである．初等幾何の場合にこだわり，ベクトルの場合の概念構成の足をひっぱるのは賢明でない．先走った現代化は，超現代化の名で批判されているが，いまの例のような地味な現代化は時代の流れに添うものであろう．

　ベクトルの垂直と平行を広い意味に使って解答をした場合に，高校生らしくない，などとケチをつけ減点の対象にする大学の先生の現れないことを願って止まない．

25
毒をもって毒を制す

　数学を学ぶときの主役は数学自身で，論理は脇役である．そんなことは百も承知でありながら，何かのきっかけで推論過程が気になると，論理の泥沼へ引きずられてゆく．この沼は底無しだから一度足を踏み込めば，もがけばもがくほど足をとられ，這い上がるのは容易でない．とは，いっても"毒を制するに毒をもってする"のたとえがあるように，論理からの解放は論理によらざるを得ない．人間関係なら，論理を情念や情緒にすりかえたり，解消する手もあると思うが，数学にその手は使えそうにない．この種の悩みは数学の高さに関係なく数学一般の学習過程で起きるもので，初等数学の場合は，解明のために期待できる数学も論理も未熟で，戸惑うことが多いものである．

　　　　　　　　　　　×　　　　　　　　　　　　×

「学生の質問に困っているの」と M 校の T 嬢がいいながら計算用紙を取り出し，数学の式をかきはじめた．

　$0 \leq \theta < 2\pi$ のとき

$$\sin\theta - \cos\theta = 1 \qquad ①$$

「この解き方 ……？」
「こんな問題！　クイズじゃあるまいね．それともからかっている」

「とんでもない．まじめよ．加法定理を知らない学生．恒等式
$$\sin^2\theta + \cos^2\theta = 1 \qquad ②$$
を補わないと解けない．①から
$$\sin\theta = 1 + \cos\theta$$
②に代入して，整理すると
$$\cos\theta(\cos\theta + 1) = 0 \qquad ③$$
$$\cos\theta = 0, \ -1$$
$$\theta = \frac{\pi}{2}, \ \frac{3\pi}{2}, \ \pi$$
もとの方程式に代入してみると $\theta = \frac{3\pi}{2}$ は満たさない．答は $\frac{\pi}{2}, \pi$ です」

「それで，どんな質問？」

「余分な解 $\theta = \frac{3\pi}{2}$ が出た理由です」

「それで，あなたは，どんな説明をした」

「ふー笑わないで ……　②は恒等式だから θ は任意の角 …… ①の解は限られた角 …… それに任意の角を追加したから，①の解は増える ……」

「へえ．楽しい．あなたは，いま"追加する"と確かにいいましたね」

「はい」

「追加するとはどういうこと …… 日常語を不用意に使うと，意味があいまいになり，論理が混乱しませんか．もっと意味のはっきりしているコトバでいえば ……」

「集合の合併です」

「合併？　よく考えてごらん．①に②を補い，①と②を連立させたのですよ」

「あら，いやだ．①と②の連立は ① and ②ね．どうかしてるわ …… 私」

「命題の and は，集合でみると？」

「共通部分」

「それ，ごらん．あなたの"追加"の日常的使用は追加した集合との共通部分を作ることであった」

「コトバのおとし穴ね」

「自分で掘った穴に自分が落ちたようなもの …… いうことなのね」

「ますます混迷 …… といった感じ。①と②を連立させたものは①と同値？」

「①の命題関数を p で表わそう．②は恒等式だから恒に真，この真の命題を i とすると

$$p \text{ and } i \iff p$$

これは集合でみるとどうなる？」

「p の真理集合を P とします．i での真理集合は実数全体だから ……」

「全体集合とみて Ω で表しては ……」

「$P \cap \Omega = P$ です」

「これで，あなたの疑問は解明された」

「分った．①と②を連立させたものは①と同値 …… でもヘンね．同値なら余分な解が出ないはずよ」

「原因は解き方以外にありえない」

「ショックよ．私の解き方が悪いなんて ……」

「ボクのシンタックスの理論によれば，**自信過剰**はね，自信不足の裏返しなのだ」

「いじわる理論ね」

「いやいや，立派な理論です．①，② は ①，③ と同値．したがって③の解を①に代入して確かめるのは当然なこと．$\cos\theta$ と $\sin\theta$ を x, y で置きかえてごらん．これなら同値でとちることはないと思うね」

「$\cos\theta = x, \sin\theta = y$ と置くと，

$$\begin{cases} y - x = 1 & \quad ① \\ y^2 + x^2 = 1 & \quad ② \end{cases}$$

分った．はじめは，この連立方程式を解くことになるのね」

「そうですよ．これなら誰でも解けて

$$\begin{cases} x = 0 \\ y = 1 \end{cases} \quad \begin{cases} x = -1 \\ y = 0 \end{cases}$$

これから先は θ について解くだけ．

$$\begin{cases} \cos\theta = 0 \\ \sin\theta = 1 \end{cases} \quad \text{から} \quad \theta = \frac{\pi}{2}$$

$$\begin{cases} \cos\theta = -1 \\ \sin\theta = 0 \end{cases} \quad \text{から} \quad \theta = \pi$$

余分の解などしのび込む余地はサラサラない．図解してみれば，真相は一層はっきりすると思うけど ……」

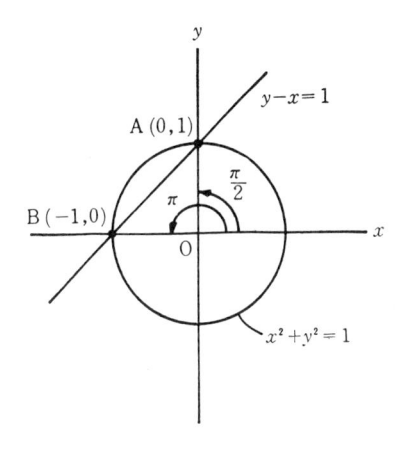

「まだ，ありますわ．伺っていいかしら」
「どうぞ」
「両辺を平方して解いたら，どうなのです」
「そのままで平方？」
「いえ，移項してから ……

$$\sin\theta = 1 + \cos\theta$$
$$\sin^2\theta = (1+\cos\theta)^2$$
$$1 - \cos^2\theta = 1 + 2\cos\theta + \cos^2\theta$$

これを解いて $\theta = \dfrac{\pi}{2}, \dfrac{3\pi}{2}, \pi$, もとの方程式に代入して $\theta = \dfrac{3\pi}{2}$ を捨てるのです」

「平方したのだから，余分な解のはいり込むおそれがある．もとへ戻って確かめるのは当り前．そんなこと，無理方程式の解くとき，いやという程経験したでしょうが」

「なんだ．そういうことだったのね」

「あんたのは，考え過ぎだ．諺にある …… 過ぎたるは及ばざるにしかず． $\sin\theta$ を $1-\cos^2\theta$ で置きかえたことは，$\sin^2\theta + \cos^2\theta = 1$ と連立させることと同じ．この式，かいてはないが用いたからには……」

     ×   ×

「きょうは，つまらない質問で …… ごめんなさいね」

「つまらないものを価値あるものに高める道は，一般によって，原理をつかむことです．最初の解で問題になった論理を一般化し，終りにしよう．p, q を命題または命題関数とすると

$$p \to q \text{ が真のとき } p \wedge q \Leftrightarrow p$$

こうなりますね．この法則は，数学の問題を解くとき度々用いているが，改まって取り挙げられると，奇異に感じるでしょうね」

「証明して下さい」

「真の命題を i とすると $(p \to q) \Leftrightarrow i$, 書きかえて，$\bar{p} \vee q \Leftrightarrow i$, 次が無理かな …….

$$p \Leftrightarrow p \wedge i \Leftrightarrow p \wedge (\bar{p} \vee q)$$
$$\Leftrightarrow (p \wedge \bar{p}) \vee (p \wedge q)$$

$p \wedge \bar{p}$ は偽だから偽の命題を o で表すと

$$p \Leftrightarrow o \vee (p \wedge q) \Leftrightarrow p \wedge q$$

「この証明，理解するので精一パイ．あとで，ゆっくり考えます」

「いや，集合でみればなんでもない．

$$P \subset Q \text{ のとき } P \cap Q = P$$

図を書いてごらん」

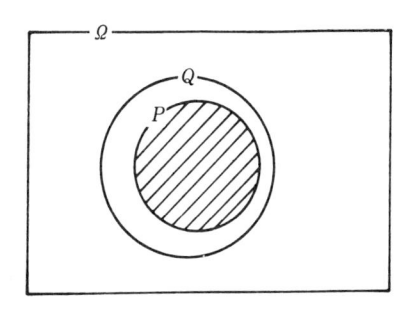

「ほんと．集合と図解の魅力 ……」
「その魅力に陶酔したあなたの魅力」
「そうよ．まだ，捨てたものでもないでしょう」

26
怪物退治後日談

前に，初等幾何の怪物退治の話をした．その怪物というのは「三角形 ABC 内の任意の点を P とし，P から 3 辺 BC, CA, AB におろした垂線をそれぞれ PL, PM, PN とすると，不等式

$$PA+PB+PC \geqq 2(PL+PM+PN)$$

が成り立つ」であった．

苦心の末考えついた解答を質問者の水津君に送ったところ，すぐお礼の手紙が来た．それに続いて，別の証明がとどけられた．

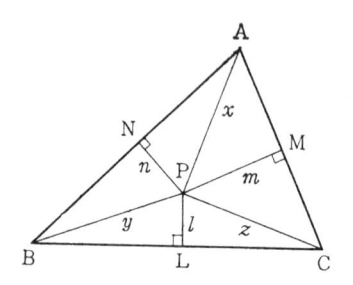

私の証明は，2 点の距離 y, z と垂線の長さ l との不等関係を導くことに焦点をあてて

$$\sqrt{yz}\cos\alpha \geqq l, \quad (\angle \mathrm{BPC}=2\alpha)$$

を導いたが，水津君のは，2つの垂線の長さ m, n と2点間の距離 x との不等関係を導くことに焦点をあてたものであった．興味深いから紹介しよう．

×　　　　　　　　　　　×

垂線の利用として面積を用いるのは，初等幾何としてはありふれた着想である．

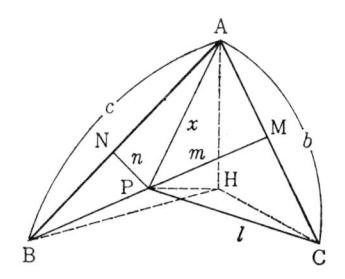

$$\triangle \mathrm{PCA} + \triangle \mathrm{PAB} = \frac{1}{2}(bm+cn)$$

A から BC にひいた垂線と P から BC に平行にひいた直線の交点を H とすると

$$\triangle \mathrm{PCA} + \triangle \mathrm{PAB} = \triangle \mathrm{ABC} - \triangle \mathrm{PBC}$$
$$= \triangle \mathrm{ABC} - \triangle \mathrm{HBC}$$
$$= \triangle \mathrm{HCA} + \triangle \mathrm{HAB} = \frac{1}{2} a \cdot \mathrm{AH}$$
$$\therefore \quad a \cdot \mathrm{AH} = bm + cn$$

ところが $x \geqq \mathrm{AH}$ だから

$$ax \geqq bm + cn$$

証明に役立ちそうな不等式が現れた．そこで x について解き

$$x \geqq \frac{b}{a} m + \frac{c}{a} n$$

同様の式をさらに2つ作り，加えてみると

$$x+y+z \geqq a\left(\frac{1}{b}+\frac{1}{c}\right)l + b\left(\frac{1}{c}+\frac{1}{a}\right)m + c\left(\frac{1}{a}+\frac{1}{b}\right)n$$

右辺が $l+m+n$ より小さくないことをいいたいのだが，それがうまくいかない．

この行詰りをどう打開したか．水津君の着想の焦点はそこにある．

初等幾何の問題だから，補助線は合同変換か相似変換に関連がある．回転か，対称移動か，平行移動か，それとも相似変換か．どれがよいか簡単に分らないところに初等幾何のむずかしさ，手品的性格があるといえよう．

一般に，構造の緻密な空間に関する問題ほど，解決は多面的で，謎めく傾向がある．

水津君は $\triangle ABC$ を $\angle A$ の2等分線について対称移動すればよいことを発見した．

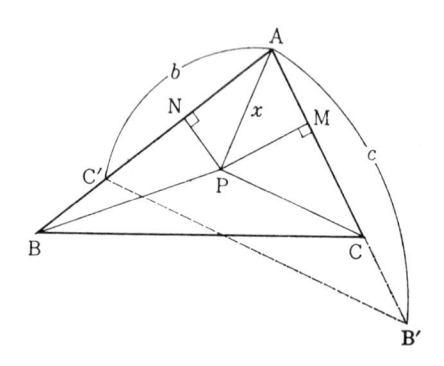

半直線 AB, AC 上にそれぞれ C′, B′ をとって AC′＝AC, AB′＝AB となるようにする．

$\triangle AB'C'$ について，前と同様のことを試みることによって

$$ax \geq cm + bn$$
$$\therefore \quad x \geq \frac{c}{a}m + \frac{b}{a}n$$

同様の式を2つ補い，両辺をそれぞれ加えると

$$x+y+z \geq \left(\frac{c}{b}+\frac{b}{c}\right)l + \left(\frac{a}{c}+\frac{c}{a}\right)m + \left(\frac{b}{a}+\frac{a}{b}\right)n$$

ところが

$$\frac{c}{b}+\frac{b}{c}\geq 2\sqrt{\frac{c}{b}\cdot\frac{b}{c}}=2$$

などの不等式が成り立つから

$$x+y+z\geq 2l+2m+2n$$

×   ×

これが水津君の解き方のあらましである．この解き方をみて不思議に思ったのは，なぜ最初に導いた不等式

$$ax\geq bm+cn \qquad ①$$

では証明が成功せず，対称移動によって導いた不等式

$$ax\geq cm+bn \qquad ②$$

だと成功するのかということである．そこで第2の不等式の正体をさぐってみた．

②の式をみて，最初に頭に浮んだのは，円に内接する四角形についてのトレミーの定理「対辺の積の和は対角線の積に等しい」であった．そこで，AP を延長し，△ABC の外接円と交わる点をQとしてみた．

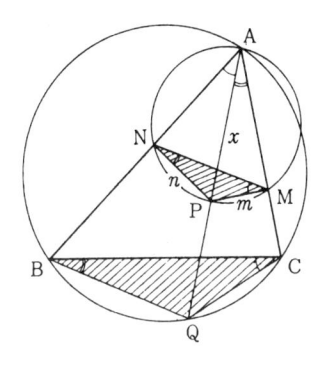

円に内接する四角形 ABQC にトレミーの定理をあてはめると

$$a\cdot AQ=c\cdot CQ+b\cdot BQ \qquad ③$$

一方図をみればあきらかなように，

$$\triangle \mathrm{BCQ} \backsim \triangle \mathrm{NMP}$$

であるから

$$\frac{a}{\mathrm{MN}} = \frac{\mathrm{CQ}}{m} = \frac{\mathrm{BQ}}{n} \qquad ④$$

③と④から

$$\mathrm{MN} \cdot \mathrm{AQ} = cm + bn \qquad ⑤$$

ところが

$$\frac{a}{\mathrm{AQ}} = \frac{\sin A}{\sin \angle \mathrm{ACQ}} \geqq \frac{\sin A}{\sin \dfrac{\pi}{2}} = \frac{\mathrm{MN}}{x}$$

$$ax \geqq \mathrm{MN} \cdot \mathrm{AQ}$$

これと⑤から

$$ax \geqq cm + bn$$

となって，②が導かれた．つまり不等式②はトレミーの定理と縁のあることを知った．

この不等式は，P から QC, QB に平行線をひき，AC, AB との交点をそれぞれ M′, N′ とすれば，もっと簡単に導かれる．

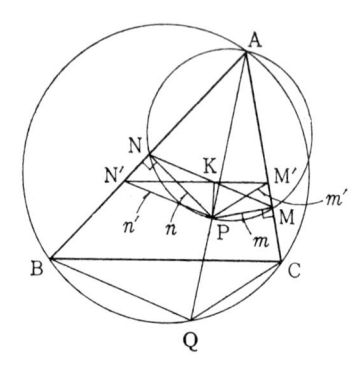

四角形 AM′PN′ は円に内接するから

$$M'N' \cdot x = AN' \cdot m' + AM' \cdot n'$$

ところが △AM′N′ ∽ △ABC であるから

$$\frac{M'N'}{a} = \frac{AN'}{c} = \frac{AM'}{b}$$

$$\therefore \quad a \cdot x = cm' + bn'$$

これと $m' \geq m$, $n' \geq n$ とから

$$ax \geq cm + bn$$

×   ×

この図は，シムソン線と関係がある．PからM′N′にひいた垂線の足をKとしてみよ．Pは △AM′N′ の外接円上にあり，そこから3辺にひいた垂線の足が M, N, K だから，シムソン線の定理によって，K は直線 MN 上にある．

このことを使えば，△PM′N′ の作図は簡単である．PK⊥M′N′, M′N′∥BC だから PK⊥BC となることに注目しよう．

P から BC に垂直な直線をひいて MN との交点を K とし，K から BC に平行線をひいて AC, AB との交点をそれぞれ M′, N′ とすればよい．

×   ×

こんなことがわかってみたものの，初等幾何らしい証明としては，まだ物足りない．証明の過程で，不等式

$$\frac{b}{c} + \frac{c}{b} \geq 2$$

を使うところが，代数的だからである．補助線をひくことによった初等幾何らしいエレガントな証明はないものかと，ときおり考えてはいるが，まだ成功しない．

この問題の出典が気になったので手許にある本をさがしたら，見付かった．

　寺阪英孝著　初等幾何学　p.56，問310（数学演習講座5，共立出版）

この問題は Erdös の定理と呼ぶもののようである．解答をみたが，すっきりしない．

「この定理の純幾何学的証明はまだ知られていないようである」と解答の末尾にあった．どなたか挑戦してみてはいかが．平坦な道ではなさそうである．

27
初等幾何の怪物退治

夜テレビを見ていたら電話のベルが鳴った．相手は見知らぬ人——T大学の水津君——どうしても解けない問題があるので，解いて頂けないかという．身近な人々に頼んだが解けず，ボクにたらい回しとなったらしい．問題の内容は簡単なので，電話で知ることができた．それが，次の問題である．

三角形 ABC 内の任意の点 P から，3辺 BC, CA, AB におろした垂線をそれぞれ PL, PM, PN とすれば

$$\frac{PA+PB+PC}{2} \geq PL+PM+PN$$

が成り立つ．

いかにも初等幾何らしい問題である．最近の数学とは縁の薄い古典的問題である．解けなかった数学者がいたからとて不思議はない．「こんな問題と付き合っておれるか」という気持であったろう．もし，そうだとすると，ボクは初等幾何のマニアと思われたわけで，よろこんでよいのか，悲しんでよいのかわからないが．

若い頃，初等幾何をやったことはあるが，とくに難問と取り組んだ記憶はない．それに最近は疎遠のままである．しかし，質問されたからには，なんらかの返答をしないわけにもいかない．つれづれなるままに，この古典的問題と付き合ってみた．

補助線をくふうしてみたが,初等幾何らしい証明は成功しなかった.人には解析派と幾何派がおるとの説がある.ボクはどちらかといえば解析派のような気がする.直角座標,極座標,3線座標など,手をかえ,品をかえ当ってみたが,計算が複雑なので,あきらめた.

第3の手段として,重心,内心,外心などの特殊な点に当ってみることにした.

× ×

Pが重心のとき

これが一番やさしい.Pが重心ならば

$$\frac{PA+PB+PC}{2} = PD+PE+PF$$
$$\geqq PL+PM+PN$$

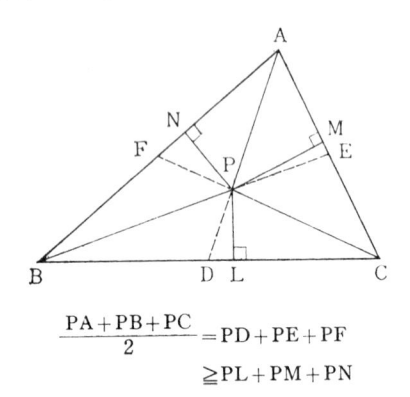

等号の成り立つのは,重心 P が垂心でもある場合だから,△ABC は正三角形で,

P はその中心になる場合に限る．

×   ×

P が外心のとき

△ABC の外接円の半径を R とすると，

$$PA = PB = PC = R$$
$$PL = R \cos A, \ PM = R \cos B, \ PN = R \cos C$$

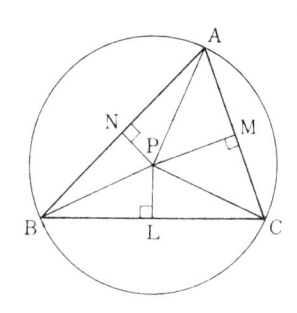

そこで，

$$\delta = \frac{3}{2}R - R\cos A - R\cos B - R\cos C$$
$$= R\left(\frac{3}{2} - \cos A - \cos B - \cos C\right)$$

とおくと，証明することは $\delta \geqq 0$ である．

$$\cos A + \cos B + \cos C$$
$$= 2\cos\frac{A+B}{2}\cos\frac{A-B}{2} + \cos C$$
$$= 2\sin\frac{C}{2}\cos\frac{A-B}{2} + 1 - 2\sin^2\frac{C}{2}$$
$$\leqq 2\sin\frac{C}{2} + 1 - 2\sin^2\frac{C}{2}$$
$$= -2\left(\sin\frac{C}{2} - \frac{1}{2}\right)^2 + \frac{3}{2} \leqq \frac{3}{2}$$

これで δ≧0 であることが明かにされた．

等号の成り立つのは $\cos\dfrac{A-B}{2}=1$, $\sin\dfrac{C}{2}=\dfrac{1}{2}$ すなわち $A=B=C=\dfrac{\pi}{3}$ のときで，P は正三角形 ABC の中心になる．

×　　　　　　　　　×

Pが内心のとき

内接円の半径を r とすると

$$PL=PM=PN=r$$

$$PA=r\operatorname{cosec}\dfrac{A}{2},\ PB=r\operatorname{cosec}\dfrac{B}{2},\ PC=r\operatorname{cosec}\dfrac{C}{2}$$

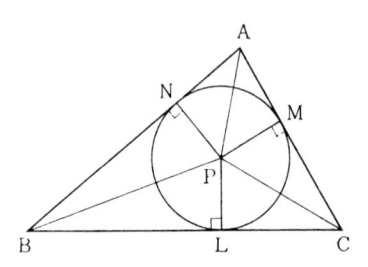

したがって

$$\delta=\dfrac{r}{2}\Big(\operatorname{cosec}\dfrac{A}{2}+\operatorname{cosec}\dfrac{B}{2}+\operatorname{cosec}\dfrac{C}{2}-6\Big)$$

とおくと，証明することは δ≧0 である．

ところが，相加平均と相乗平均の大小関係から

$$\sum \operatorname{cosec}\dfrac{A}{2}\geqq 3\sqrt[3]{\prod \operatorname{cosec}\dfrac{A}{2}}$$

$$\begin{aligned}\prod \sin\dfrac{A}{2}&=\sin\dfrac{A}{2}\sin\dfrac{B}{2}\sin\dfrac{C}{2}\\&=\dfrac{1}{2}\Big(\cos\dfrac{A-B}{2}-\cos\dfrac{A+B}{2}\Big)\sin\dfrac{C}{2}\\&\leqq\dfrac{1}{2}\Big(1-\sin\dfrac{C}{2}\Big)\sin\dfrac{C}{2}\end{aligned}$$

$$= -\frac{1}{2}\left(\sin\frac{C}{2}-\frac{1}{2}\right)^2+\frac{1}{8}\leqq\frac{1}{8}$$

そこで

$$\sum \operatorname{cosec}\frac{A}{2}\geqq 3\sqrt[3]{8}=6$$

$$\therefore\ \delta\geqq 0$$

等号の成り立つのは $\cos\frac{A-B}{2}=1,\ \sin\frac{C}{2}=\frac{1}{2}$ の場合であるから，外心のときと同様に，三角形 ABC が正三角形で，P がその中心と一致する場合である．

×　　　　　　　　　　×

P が垂心のとき

P は三角形の内部にあるから △ABC は鋭角三角形である．△ABC, △PBC, △PCA, △PAB の外接円の半径は等しいから，それらの半径を R とする．
△PAB の外接円から

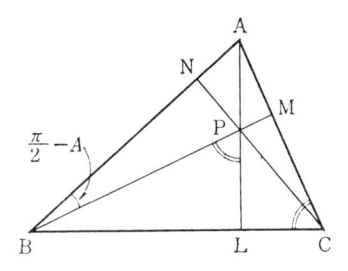

$$\mathrm{PA}=2R\sin\left(\frac{\pi}{2}-\mathrm{A}\right)=2R\cos A$$

同様にして

$$\mathrm{PB}=2R\cos B,\quad \mathrm{PC}=2R\cos C$$

直角三角形 PBL から

$$\mathrm{PL}=\mathrm{PB}\cos C=2R\cos B\cos C$$

PM, PN も同様の式になる. そこで
$$\delta = R(\sum \cos A - 2\sum \cos B \cos C)$$
とおくと，証明することは $\delta \geq 0$ である.

この証明，簡単なようで，手ごわい. 名案が容易に浮かばず方針を変えることにした. ふと，頭に浮かんだのがチェビシェフの不等式，これだといたって簡単である.

$$PL = l, \quad PM = m, \quad PN = n,$$
$$PA = x, \quad PB = y, \quad PC = z,$$
$$BC = a, \quad CA = b, \quad AB = c$$

さらに $\triangle ABC = S$ とおくと，図をみればわかるように
$$la + mb + nc = 2S$$
$$(x+l)a + (y+m)b + (z+n)c = 6S$$

2式の両辺の差をとって
$$ax + by + cz = 4S$$

そこで $\quad \dfrac{1}{2}(ax+by+cz) = al+bm+cn \qquad$ ①

ところが，$a \geq b \geq c$ と仮定すると
$$A \geq B \geq C, \quad \cos A \leq \cos B \leq \cos C$$
であるから，前に導いた式から
$$x \leq y \leq z, \quad l \geq m \geq n$$

ここでチェビシェフの不等式を持ち出すと
$$\frac{a+b+c}{3} \cdot \frac{x+y+z}{3} \geq \frac{ax+by+cz}{3}$$
$$\frac{a+b+c}{3} \cdot \frac{l+m+n}{3} \leq \frac{al+bm+cn}{3}$$

これらの2式と①から
$$\frac{x+y+z}{2} \geq l+m+n$$

27. 初等幾何の怪物退治

となって目的の不等式が得られる.

もっと簡単な証明もありそうだ. 読者におまかせしよう.

×　　　　　　　　×

以上のように, P が特殊の位置をとる場合を解決してみても, 一般の場合を解決する手がかりは得られない.

途方にくれたとき, ふと, 頭に浮んだのは「原点に帰れ」の声であった. 一般に

$$u \geqq v$$

を証明するのに, u, v の中間項 w をみつけることである. もし, $u \geqq w \geqq v$ ならば, $u \geqq v$ の証明は,

$$u \geqq w \quad と \quad w \geqq v$$

の証明に帰する. これ, 不等式の証明で, しばしば用いられる技法である.

さて, 証明することは

$$\frac{x+y+z}{2} \geqq l+m+n$$

$\frac{x+y+z}{2}$ と $l+m+n$ の中間項として何をとるか. 中間項は無数にある. それらの中から, 有用なものを見つけなければならない. それを見つける一般的ルールはないまでも, $\frac{x+y+z}{2}$ より小さい近似値式, または $l+m+n$ よりも大きい近似式に目をつけるのは, かなり有効な手段である.

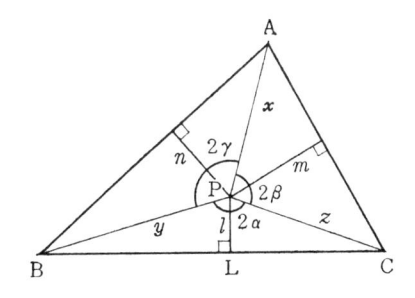

図のように長さと角を表わしておき，垂線の長さ l, m, n を $x, y, z, \alpha, \beta, \gamma$ の近似式で表わそうと考えた．近似式とはいっても，証明する不等式からみて，l, m, n よりも大きい式を選ばねばならない．高校生なみの平凡な着想でやってみた．

$$\triangle \mathrm{BPC} = \frac{1}{2} l \cdot \mathrm{BC} = \frac{1}{2} yz \sin 2\alpha$$

$$l = \frac{yz \sin 2\alpha}{\mathrm{BC}}$$

余弦定理により，BC を y, z, α で表わし

$$l = \frac{yz \sin 2\alpha}{\sqrt{y^2 + z^2 - 2yz \cos 2\alpha}}$$

証明しようとしている不等式

$$x + y + z \geq 2(l + m + n) \qquad \text{①}$$

に戻ってみると，等号は $\triangle \mathrm{ABC}$ が正三角形で，P がその三角形の中心と一致するときに成り立つ．つまり $x = y = z$, $\alpha = \beta = \gamma = \frac{\pi}{3}$ のときに等号が成り立つ．このことから考えて，l の近似式は $y = z$ のとき，l に等しくなるものを選んでおかなければならない．そこで $y^2 + z^2 - 2yz \cos 2\alpha$ に $(y-z)^2$ を作ってみた．

$$y^2 + z^2 - 2yz \cos 2\alpha$$
$$= (y-z)^2 + 2yz(1 - \cos 2\alpha)$$
$$= (y-z)^2 + 4yz \sin^2 \alpha \geq 4yz \sin^2 \alpha$$

$$\therefore \quad l \leq \frac{2yz \sin \alpha \cos \alpha}{\sqrt{4yz \sin^2 \alpha}} = \sqrt{yz} \cos \alpha$$

同様にして $m \leq \sqrt{zx} \cos \beta$, $n \leq \sqrt{xy} \cos \gamma$ であるから，①を証明するには

$$x + y + z \geq 2\sqrt{yz} \cos \alpha + 2\sqrt{zx} \cos \beta + 2\sqrt{xy} \cos \gamma$$
$$(\alpha + \beta + \gamma = \pi) \qquad \text{②}$$

を証明すればよいことに気付く．

この不等式は見慣れないものではあるが，幸なことに $\sqrt{x}, \sqrt{y}, \sqrt{z}$ について2次の同次式であるから，平方式を作るという平凡な解法がある．

27. 初等幾何の怪物退治

$$\begin{aligned}
\text{左辺}-\text{右辺} &= x - 2(\sqrt{z}\cos\beta + \sqrt{y}\cos\gamma)\sqrt{x} \\
&\quad + y + 2\sqrt{yz}\cos(\beta+\gamma) + z \\
&= (\sqrt{x} - \sqrt{z}\cos\beta - \sqrt{y}\cos\gamma)^2 \\
&\quad - (\sqrt{z}\cos\beta + \sqrt{y}\cos\gamma)^2 + y + 2\sqrt{yz}\cos(\beta+\gamma) + z \\
&= (\sqrt{x} - \sqrt{z}\cos\beta - \sqrt{y}\cos\gamma)^2 \\
&\quad + (\sqrt{y}\sin\gamma - \sqrt{z}\sin\beta)^2 \geqq 0
\end{aligned} \quad \text{③}$$

これで②の証明はすみ，したがって①の証明もすんだ．

①の等号が成り立つのは

$$(*) \quad \begin{cases} l = 2\sqrt{yz}\cos\alpha \\ m = 2\sqrt{zx}\cos\beta \\ n = 2\sqrt{xy}\cos\gamma \end{cases}$$

で，かつ③で等号が成り立つとき，すなわち

$$(**) \quad \begin{cases} \sqrt{x} - \sqrt{z}\cos\beta - \sqrt{y}\cos\gamma = 0 \\ \sqrt{y}\sin\gamma - \sqrt{z}\sin\beta = 0 \end{cases}$$

が成り立つときである．

(*) が成り立つのは $x=y=z$ のときに限る．これを (**) に代入して

$$\cos\beta + \cos\gamma = 1, \quad \sin\beta = \sin\gamma$$

$$\therefore \quad \beta = \gamma = \frac{\pi}{3}$$

結局①の等号が成り立つのは

$$y = x = z, \quad \alpha = \beta = \gamma = \frac{\pi}{3}$$

のとき，すなわち △ABC が正三角形で，P がその中心に一致するときに限ることが明かにされた．

×   ×

解けてしまえばなんでもないが，振り返ってみると，その道は遠かった．着想が悪いと容易に解けそうのない問題である．

memo 1

平凡な問題ではあるが，その内容を**構造的**に見ると，円との関係が深く，意義のある問題のような気がしないでもない．

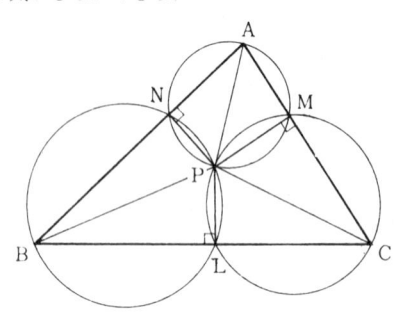

PA, PB, PC を**直径**とする円はそれぞれ M, N; N, L; L, M を通る．そこで，これらの円をかいてみると，問題は，次のように表現することもできる．

> 3つの円が1点を共有するときは，3つの円の半径の和は，3つの共通弦の和よりも小さくない．

「なんだ，これなら円の性質を用いてうまく解く道があるじゃないか」といった気がするのだが，名案が浮かばない．

memo 2

高校で親しんだ不等式に

$$x^2+y^2+z^2 \geq yz+zx+xy$$

がある．$x=y=z$ のとき等号が成り立つことも，よく知られた事実．

右辺を2倍した不等式

$$x^2+y^2+z^2 \geq 2yz+2xz+2xy$$

は，一般には成り立たない．このことは x, y, z を正の数とすると 左辺－右辺 は，

次のように因数分解されることから容易に分ることである.

$$(\sqrt{x}+\sqrt{y}+\sqrt{z})(\sqrt{x}-\sqrt{y}-\sqrt{z})$$
$$\times(\sqrt{x}-\sqrt{y}+\sqrt{z})(\sqrt{x}+\sqrt{y}-\sqrt{z})$$

そこで,一般に

$$x^2+y^2+z^2 \geq 2pyz+2qzx+2rxy \qquad ④$$

が,すべての実数について成り立つのは,どんな場合かという疑問が生れよう.これは,2次形式が正値をとる条件だから,一般理論があるが,ここでは初歩的方法でさぐってみる.

左辺－右辺$=x^2-2(qz+ry)x+y^2-2pyz+z^2$
$=(x-qz-ry)^2+\{(1-r^2)y^2-2(p+qr)yz+(1-q^2)z^2\}$

これが負とならないためには,{ } の中が負にならなければよい.その条件は

$$\begin{cases} 1-r^2 \geq 0, \ 1-q^2 \geq 0 \\ (p+qr)^2-(1-q^2)(1-r^2) \leq 0 \end{cases}$$

第2式は整理すると

$$p^2+q^2+r^2 \leq 1-2pqr$$

以上では,xについて整理したが,yについて整理することによって,$1-p^2 \geq 0$,$1-r^2 \geq 0$ が出る.そこで,総括すると,④がすべての実数 x, y, z について成り立つための条件は

$$\begin{cases} p^2 \leq 1, \ q^2 \leq 1, \ r^2 \leq 1 & ⑤ \\ p^2+q^2+r^2 \leq 1-2pqr & ⑥ \end{cases}$$

となる.

こんな条件を出してみたのは,問題の証明の後半に現れた不等式

$$x+y+z \geq 2\sqrt{yz}\cos A+2\sqrt{zx}\cos B+2\sqrt{xy}\cos C$$

の正体をつかみたかったからである.この不等式は④において x, y, z を $\sqrt{x}, \sqrt{y}, \sqrt{z}$ で置きかえ

$$\begin{cases} p = \cos A,\ q = \cos B,\ r = \cos C \\ (A+B+C = \pi) \end{cases} \qquad ⑦$$

とおいたものに当る。⑦ が ⑤,⑥ をみたし，しかも ⑥ が等式の場合であることは，加法定理によって，容易に明かにされる．

$$\cos^2 A + \cos^2 B + \cos^2 C$$
$$= \cos^2 A + \frac{1+\cos 2B}{2} + \frac{1+\cos 2C}{2}$$
$$= 1 + \cos^2 A + \cos(B+C)\cos(B-C)$$
$$= 1 - \cos A \cos(B+C) - \cos A \cos(B-C)$$
$$= 1 - \cos A\{\cos(B+C) + \cos(B-C)\}$$
$$= 1 - 2\cos A \cos B \cos C$$

これで，問題の証明の後半が，うまくいった理由が明かにされた．

行列の得意な読者は

$$x^2 + y^2 + z^2 - 2pyz - 2pzx - 2rxy$$

を，行列によって

$${}^t\!\begin{bmatrix} x \\ y \\ z \end{bmatrix} \begin{bmatrix} 1 & -r & -q \\ -r & 1 & -p \\ -q & -p & 1 \end{bmatrix} \begin{bmatrix} x \\ y \\ z \end{bmatrix}$$

とかきかえ，固有方程式

$$\begin{vmatrix} 1-\lambda & -r & -q \\ -r & 1-\lambda & -r \\ -q & -p & 1-\lambda \end{vmatrix} = 0$$

を導く．これが負でない 3 実根をもつための条件を求めてみるとよい．λ について整理すると

$$\lambda^3 - 3\lambda^2 + (3-p^2-q^2-r^2)\lambda + (p^2+q^2+r^2+2pqr-1) = 0$$

3 次方程式 $\lambda^3 - A\lambda^2 + B\lambda - C = 0$ の 3 根が負でないための条件は $A \geqq 0$, $B \geqq 0$, $C \geqq 0$ であることから

$$\begin{cases} 3 \geq p^2+q^2+r^2 \\ p^2+q^2+r^2 \leq 1-2pqr \end{cases}$$

これは，前に求めた条件 ⑤, ⑥ と同値であることが，容易に確められよう．

memo 3

質問者のM生から，3つの垂線の和が 最大, 最小 になる点はどこかとの問があった．この疑問は初等幾何的方法で解明できるが，最近の学生には，線型関数の知識を用いるのが適切であろう．

△ABC の3辺 BC, CA, AB の方程式を

$$x\cos\theta_i + y\sin\theta_i = k_i \quad (i=1, 2, 3;\ k_i > 0)$$

とし，P の座標を (x, y)，3つの垂線の和を $g(x, y)$ とおく．ただし，原点 O は三角形の内部にとる．そうすれば，P が三角形の内部にあるときは

$$g(x, y) = \sum_{i=1}^{3}(k_i - x\cos\theta_i - y\sin\theta_i)$$
$$= \sum_{i=1}^{3} k_i - x\sum_{i=1}^{3}\cos\theta_i - y\sum_{i=1}^{3}\sin\theta_i$$

で表される．

あきらかに $g(x, y)$ は x, y についての1次関数であるから，P が凸図形 ABC 内または周にあるときは，頂点A, B, C のいずれかで 最大, 最小 になる．BC>CA>AB とすると，垂線は C からひいたものが最大で，A からひいたものが最小である．

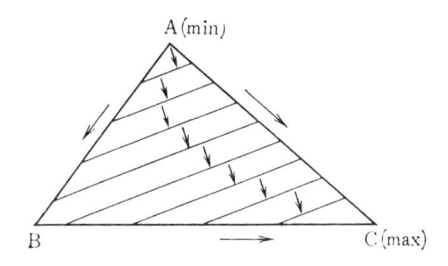

したがって，$g(x,y)$ は C で最大値をとり，A で最小値をとる．

また，$g(x,y)$ が一定値 h のときは

$$x\sum_{i=1}^{3}\cos\theta_i + y\sum_{i=1}^{3}\sin\theta_i = -h + \sum_{i=1}^{3}k_i$$

となる．したがって，$g(x,y)$ の値を等高線で示すと，等間隔の平行な線分の集合になる．

平行線分は，辺 AC, AB または AC, BC と交わる．図の矢線は $g(x,y)$ の値の増加する方向を示す．

memo 4

P から3頂点までの距離の和は残念なことに，簡単な式では表わせない．A, B, C の座標をそれぞれ $(a_1, b_1), (a_2, b_2), (a_3, b_3)$ とおき，PA, PB, PC の和を $f(x,y)$ とおくと

$$f(x,y) = \sum_{i=1}^{3}\sqrt{(x-a_i)^2 + (y-b_i)^2}$$

この関数は複雑で，正体をつかむのは容易でない．最小値を与える点については，有名な Steiner の定理がある．「∠BPC, ∠CPA, ∠APB が $\dfrac{2}{3}\pi$ のときに $f(x,y)$ が最小になる」がその定理である．この点を Steiner の点と呼ぶことにし，S で表わしておこう．

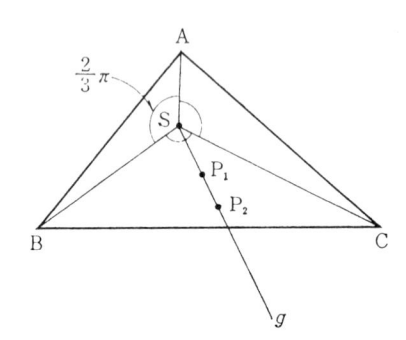

27. 初等幾何の怪物退治

$f(x,y)$ の値の等高線を正確にかくことは困難であるが，その特徴をつかむことはできる．たとえば，S を通る直線にそうて点 P が移動するときの $f(x,y)$ の変化を調べてみる．

S を通る半直線 g 上の 2 点を P_1, P_2 とし，$0<SP_1<SP_2$ としよう．$f(x,y)$ を $f(P)$ と表わせば

$$f(S)=SA+SB+SC \qquad ①$$

$$f(P_2)=P_2A+P_2B+P_2C \qquad ②$$

P_1 が線分 SP_2 を分ける比を

$$m:n \quad (m, n>0,\ m+n=1)$$

とおいてみると，①と②から

$$nf(S)+mf(P_2)=\sum (n\,SA+m\,P_2A) \qquad ③$$

ところが，ベクトルでみると

$$\overrightarrow{AP_1}=n\,\overrightarrow{AS}+m\,\overrightarrow{AP_2}$$

両辺の絶対値をとれば

$$P_1A \leqq n\,SA+m\,P_2A$$

そこで③から

$$nf(S)+mf(P_2) \geqq \sum P_1A=f(P_1)$$

$f(S)$ は $f(P)$ の最小値であるから $f(P_2) \geqq f(S)$ で，等号の場合が起きないことは，Steiner の定理の証明から明かである．そこで

$$nf(S)+mf(P_2)<(n+m)f(P_2)=f(P_2)$$
$$\therefore\ f(P_1)<f(P_2)$$

以上により $f(P)$ は SP の増加関数であることがわかった．つまり，点 P が Steiner の点 S を通る半直線 g 上を動くときは，P が S から遠ざかるにつれて $f(P)$ の値は増加する．したがって，等高線は S を内部に含む閉曲線で，S を通る半直線は，どの閉曲線とも 1 点で交わる．SP が十分大きいときは，PA, PB, PC はほとん

どSPに等しいから，等高線はSを中心とする半径SPの円に殆んど等しい．

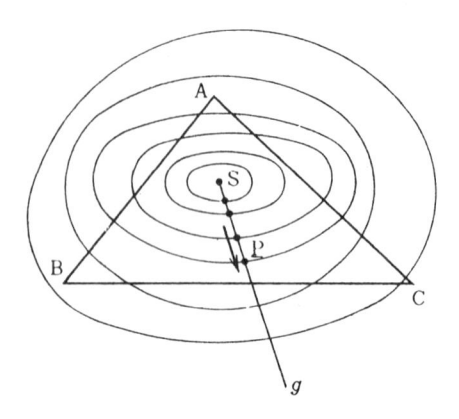

しかし，2種の等高線についてのいままでの知識を用いても，質問の問題の証明はできそうでない．

（著者紹介）
石谷　茂

大阪大学理学部数学科卒
著　書　記号論理学入門，集合と数学の構造，数学の位相構造，アルゴリズムと
　　　　数学教育（以上，明治図書）
　　　　記号論理とその応用（大阪教育図書）
　　　　複素数とベクトル（東京図書）
　　　　現代数学と大学入試，群論，2次行列のすべて，数学ひとり旅，（現代
　　　　数学社）
現住所　東京都武蔵野市吉祥寺東町2-41-7

MaxとMinに泣く　　　　　©2007

2007年9月7日　新版第1刷発行

著　者　石　谷　　　茂
発行所　株式会社　現 代 数 学 社
〒606-8425　京都市左京区鹿ケ谷西寺之前町1番地
TEL&FAX　075-751-0727
http://www.gensu.co.jp/

検印省略

印刷・製本　株式会社　合同印刷

ISBN978-4-7687-0373-1　　　　　　落丁・乱丁はお取り替えします．